U0386035

中国人民大学
习近平新时代中国特色社会主义思想研究院
The Academy of Xi Jinping Thought on Socialism with Chinese Characteristics for a New Era,
Renmin University of China

中国式现代化的鲜明特色研究系列
总主编　张东刚　林尚立

高校主题出版
GAOXIAO ZHUTI CHUBAN

人与自然和谐共生的
中国式现代化

常庆欣　著

中国人民大学出版社
·北京·

总　序

　　概括提出并深入阐述中国式现代化理论，是党的二十大的一个重大理论创新，是科学社会主义的最新重大成果，也是对世界现代化理论和实践的重大创新。党的二十大报告明确概括了中国式现代化五大方面的中国特色，深刻揭示了中国式现代化的科学内涵，是中国式现代化理论的基础组成部分。这既是理论概括，也是实践要求，为全面建成社会主义现代化强国、实现中华民族伟大复兴指明了一条康庄大道。

　　选择什么样的现代化道路、怎样选择现代化道路，是世界各国人民在谋求现代化时必须首先回答的基本问题。对这个基本问题的回答，首先要把握好现代化的基本方向。能否选择正确的方向，对一个国家的现代化事业的发展成效乃至成败，起着决定性作用。只有方向搞对了，目标任务、政策举措才能对头，发展行动才能对路。以人口规模巨大、全体人民共同富裕、物质文明和精神文明相协调、人与自然和谐共生、走和平发展道路为突出特色的中国式现代化，是中国人民在探索现代世界发展进程中形成的对这一基本问题的根本回答。这个铿锵有力的回答是中国共产党在深刻总结国内外现代化发展的经验教训、深入分析国内外现代化发展大势的基础上提出来的，集中反映了我国社会主义现代化的发展思路、发展方向、发展着力点，蕴含着博大精深的道理学理哲理。

具有五大方面特色的中国式现代化，根源于中国共产党的百年奋斗历程，根源于中国共产党领导的独特作用。中国人民之所以能够扭转近代以来的历史命运，探索出中国式现代化道路，最根本上是因为有党的领导。中国共产党领导的社会主义现代化，是对中国式现代化的定性，是管总、管根本的，决定着每个特色的性质和内涵。中国共产党在新民主主义革命时期为实现现代化创造了根本社会条件，在新中国成立后为现代化建设奠定了根本政治前提并提供了宝贵经验、理论准备、物质基础，在改革开放和社会主义现代化建设新时期为中国式现代化提供了充满新的活力的体制保证和快速发展的物质条件。党的十八大以来，我们党在已有基础上继续前进，不断实现理论和实践上的创新突破，成功推进和拓展了中国式现代化，为中国式现代化提供了更为完善的制度保证、更为坚实的物质基础、更为主动的精神力量。中国式现代化的内涵，随着历史的演进，不断地发展、不断地丰富。正是在不断总结历史经验的过程中，中国式现代化五大方面的特色逐步上升为规律性认识、凝练成时代内涵，蕴含着深刻的历史逻辑、理论逻辑和实践逻辑。

中国式现代化在遵循现代化一般规律和兼具各国现代化

共同特征的基础上，以一个个鲜明的中国特色，击破了"现代化＝西方化"的迷思，实现了对西方式现代化理论和实践的超越。这五大方面的中国特色，在根本上展现了我们在两极分化还是共同富裕的现代化，物质至上还是物质精神协调发展的现代化，竭泽而渔还是人与自然和谐共生的现代化，零和博弈还是合作共赢的现代化，照抄照搬别国模式还是立足自身国情自主发展的现代化方面的科学选择；在系统上解答了一个国家怎样根据其历史传统、社会制度、发展条件、外部环境等诸多因素选择现代化道路这一重大问题。这五大方面的中国特色，立足经济持续健康发展、制度完善和体制机制变革、文明传承、工业化、全球化等重要方面，精准阐明了世界现代化一般规律和社会主义现代化普遍规律的丰富内容，深刻认识了社会主义现代化国家建设的一系列重大理论和实践问题；不仅回答了如何解决中国现代化的问题，还回答了如何解决世界现代化的实践难题。

人口规模巨大，这是中国式现代化的显著特征。人口规模不同，现代化的任务就不同，其艰巨性、复杂性就不同，发展途径和推进方式也必然具有自己的特点。现在，全球进入现代化的国家也就 20 多个，总人口 10 亿左右。中国 14 亿多人口整体迈入现代化，规模超过现有发达国家人口的总和，将极大地改变现代化的世界版图。这是人类历史上规模最大的现代化，也是难度最大的现代化，将用实践进一步证明如何统筹解决超大规模人口的吃饭、就业、分配、教育、医疗、住房、养老、托幼等一系列现代社会的问题。

全体人民共同富裕，这是中国式现代化的本质特征，也是区别于西方现代化的显著标志。西方现代化的最大弊端，就是以资本为中心而不是以人民为中心，追求资本利益最大化而不是服务绝大多数人的利益，导致贫富差距大、两极分化严重。一些发展中国家在现代化过程中掉进"中等收入陷阱"，一个重要原因就是没有解决好两极分化等问题。中国式现代化促进全体人民共同富裕的一整套思想理念、制度安排、政策举措，使我国亿万农村人口整体摆脱贫困，创造了减贫治理的中国样本。实现共同富裕是一个长期任务，不断取得的新进展将为如何解决贫富分化、"中等收入陷阱"等世界现代化难题提供中国方案。

物质文明和精神文明相协调，即既要物质富足也要精神富有，这是中国式现代化的崇高追求。在西方现代化过程中，一边是财富的积累，一边是信仰缺失、物欲横流。今天，西方国家日渐陷入困境，一个重要原因就是无法遏制资本贪婪的本性，无法解决物质主义膨胀、精神贫乏等痼疾。坚持协同促进物的全面丰富和人的全面发展的中国式现代化，不仅致力于实现物质财富极大丰富、精神财富极大丰富、思想文化自信自强的社会主义现代化，也为如何解决物质现代化和精神现代化不协调的世界性问题贡献了中国智慧。

人与自然和谐共生，即尊重自然、顺应自然、保护自然，促进人与自然和谐共生，这是中国式现代化的鲜明特点。近代以来，西方国家的现代化大都经历了对自然资源肆意掠夺、对生态环境恶性破坏的阶段，在创造巨大物质财富的同时，往往造成环境污染、资源枯竭等严重问题。生态兴则文明兴、人与自然和谐共生、绿水青山就是金山银山、良好生态环境是最普惠的民生福祉、山水林田湖草沙是生命共同体、共谋全球生态文明建设等新理念新思想新战略，为解决世界现代化进程中如何既要经济发展也要环境保护的难题指明了科学道路。

走和平发展道路，即坚持和平发展，既在坚定维护世界和平与发展中谋求自身发展，又以自身发展更好维护世界和平与发展，推动构建人类命运共同体，这是中国式现代化的突出特征。西方国家的现代化，充满战争、殖民、掠夺等血腥罪恶，给广大发展中国家带来深重苦难。中华民族经历了西方列强侵略、凌辱的悲惨历史，深知和平的宝贵，决不重走西方国家实现现代化的老路。中国式现代化坚持独立自主、自力更生，依靠全体人民的辛勤劳动和创新创造发展壮大自己，通过激发内生动力与和平利用外部资源相结合的方式来实现国家发展，不以任何形式压迫其他民族、掠夺他国资源财富，而是为广大发展中国家提供力所能及的支持和帮助，着力破解人类现代化零和博弈的历史困局。

推进中国式现代化是一项长期任务，还有许多未知领域有待探索。要把中国式现代化五大方面的中国特色变为成功实践，把鲜明特色变成独特优势，需要付出艰苦的努力，需要矢志不渝地开展长期的实践探索、理论探索，需要完整把握、准确理解、全面认识中国式现代化的中国特色。只有既能够从总体上回答现代化的基本问题、明晰现代化的历史进程和发展趋势、阐明中国式现代化的世界观和方法论，又能够从细节上厘清关于现代化内涵的各种看法、讲清楚中国式现代化与西方现代化相比所具有的特色和优势、深挖中国式现代化五大特色蕴含的道理学理哲理，才能够学懂弄通做实中国式现代化理论体系的基本原理，为不断拓展中国式现代化的广度和深度提供坚实的理论支撑。

为深入贯彻党的二十大精神，深入贯彻习近平总书记考察调研中国人民大学时重要讲话精神和习近平总书记关于中国式现代化的重要论述，中国人民大学在谋划出版"中国式现代化研究丛书"的基础上，认真组织青年学者撰写了本套丛书。丛书以中国式现代化的五大特色为主题，以学懂弄通中国式现代化五大特色的历史逻辑、理论逻辑、实践逻辑为主线，以延展逻辑进路、拓展理论深度、形成自主知识体系为目标，让中国式现代化五大特色的问题导向、理论智慧、实践效能在相互独立而又内在联系的各卷书中系统地呈现，回应人民在现代化理论和实践上的多方面诉求和需要。希望丛书能够带动更多的青年学者关注中国式现代化、研究中国式现代化、用脚步丈量中国式现代化道路，切实把成果写在中国大地上，为实现中华民族伟大复兴贡献新的更大力量。

是为序。

校党委书记 *（签名）* 校长 *（签名）*

2023 年 11 月

前　言

在追求现代化的进程中，人类经常掠夺和破坏自然，在过度强调经济发展中，忽视与自然和谐共生的重要性。中国作为一个拥有五千年文明史的国家，曾经也面临着现代化进程中的各种矛盾和问题。然而，在不断的探索和实践中，中国共产党带领中国人民走出了一条独具特色的现代化之路，实现了人与自然的和谐共生。

党的二十大报告指出："中国式现代化是人与自然和谐共生的现代化。"习近平在学习贯彻党的二十大精神研讨班开班式上发表重要讲话时强调，现代化五个方面的中国特色"深刻揭示了中国式现代化的科学内涵"，"既是理论概括，也是实践要求，为全面建成社会主义现代化强国、实现中华民族伟大复兴指明了一条康庄大道"。

本书旨在通过在与传统文化的联系中、国际模式的比较中、中国特色的生成中、战略谋划的设计中、历史意义的阐明中，全方位展示人与自然和谐共生的中国式现代化的完整面貌。进而使读者对"世界上既不存在定于一尊的现代化模式，也不存在放之四海而皆准的现代化标准"，"中国式现代化走得通、行得稳，是强国建设、民族复兴的唯一正确道路"，理解得更加全面、更加清晰、更加科学。

当今社会，人与自然的关系日益受到重视。习近平多次强调，人与自然的关系是相互依存、相互制约、相互促进的，必须建立起人与自然和谐共生的关系，共同推进人类社会和自然生态的可持续发展。中国式现代化人与自然和谐共生特征的形成与发展，是在把习近平生态文明思想作为解决人与自然复杂关系问题的基本遵循下实现的。阐明中国式现代化人与自然和谐共生的历程、特征、成就与前景，同时也是进一步深化理解习近平生态文明思想的过程。通过理解中国式现代化在处理人与自然关系上的独特性，深化对习近平生态文明思想的科学内容、实践价值和世界影响的理解，构成本书追求的另一重要目标。

全书分为八章，分别从现代化观念、问题视域、发展理念、发展格局、生产方式、生活方式、显著优势、崭新样板等多个方面，阐述人与自然和谐共生现代化的基本概念、科学内涵、具体实践和未来发展方向。

人与自然和谐共生的中国式现代化，涵盖了经济、政治、社会等多个领域，是一种以人与自然和谐共生为基础的可持续发展理念，是立足边界底线、体系空间构建的发展格局，是践行绿色发展、循环发展、低碳发展的有效途径。

中国式现代化人与自然和谐共生新路的探索，深刻反思了欧美现代化老路所带来的环境问题，指出人与自然和谐共生现代化是一种必然的选择。只有在人类和自然之间实现和谐共生，才能真正实现可持续发展和人类的长远利益。先进的制度体系、生态文明和经济发展相得益彰的新路、为建设全球生态保护治理体系提供中国智慧，是中国式现代化人与自然和谐共生的突出优势。

人与自然是生命共同体，"美丽中国""美丽世界"等建设目标的提出，对推进中国式现代化具有重要支撑作用。最后一章以"美丽中国"创建助推社会主义现代化强国建设、人与自然和谐共生现代化彰显人类文明新形态之新为主题，探讨了人与自然和谐共生现代化的创新性和深远历史意义。

目　录

| 第一章 |

观念的革命
——人与自然和谐共生现代化

　　人类社会的发展史在一定程度上就是一部人与自然的关系史。在农业文明中自然被神化，人类对风雨雷电、洪水地震等自然现象存在主观曲解；在工业文明中自然又被蔑视，湖泊、湿地、筑巢的塘鹅，甚至四大洋都被进行了成本—效益分析。价签愈加醒目、繁多，自然生态环境问题也愈加严重。正如 2005 年习近平在《浙江日报》发表文章时所指出的："你善待环境，环境是友好的；你污染环境，环境总有一天会翻脸，会毫不留情地报复你。"①尤其是当前正处于世界现代化浪潮中，如何正确认识、处理人与自然的关系，对于我们中华文明的延续和繁荣来说至关重要。

---

① 习近平.之江新语［M］.杭州：浙江人民出版社，2007：141.

第一节　生态环境与现代化的关系

一、生态环境问题是文明形态演进的基本问题

任何文明形态都是围绕着满足人类需要在实践的基础上建构起来的，都是在人类改造客观世界时所面临的多种矛盾与冲突中得以形成的。在文明形态的演进中，人与自然的关系在一系列矛盾与冲突中处于基础性地位。从人类历史的具体展开来看，人与自然的关系是人类社会及其历史发展的起点。马克思指出："劳动首先是人和自然之间的过程，是人以自身的活动来中介、调整和控制人和自然之间的物质变换的过程。"[①] "全部人类历史的第一个前提无疑是有生命的个人的存在。因此，第一个需要确认的事实就是这些个人的肉体组织以及由此产生的个人对其他自然的关系。……任何历史记载都应当从这些自然基础以及它们在历史进程中由于人们的活动而发生的变更出发。"[②] 也就是说，人类历史是自然史的

---

① 马克思.资本论：第1卷［M］.2版.北京：人民出版社，2004：207-208.

② 马克思，恩格斯.马克思恩格斯文集：第1卷［M］.北京：人民出版社，2009：519.

一部分，人类在确认自然基础性地位的前提下，开始进行了各种不同的具体历史活动：生产人类生存需要的资料构成一切历史的基本条件；人类最基本生存需要的满足引发新的需要；人类自身的繁衍与延续。其中，满足最基本生存需要的生产实践，既是人与自然相互作用的物质基础，又是人与自然密切关联的桥梁和纽带。在这一系列活动中，随着历史的发展，文明在人与自然关系的调整中不断前进。人与自然之间的交互作用自始至终都是围绕如何更好地满足人的生存展开的。人类通过生产实践不断地从自然界中获取所需的物质资源，而自然界也不断地向人类提供这些资源。但是，这种互动必须在一定的限度内进行，也就是说，人类的活动必须遵循自然规律，保证自然资源的可持续利用，否则，这种平衡和谐将被打破，从而威胁人类的历史进程和未来发展。因此，一方面，人与自然的对立是绝对的、无条件的。人类为了生存发展必须对自然界进行符合自身利益需求的改造和再改造实践，人与自然之间的冲突与对立不可避免。另一方面，人与自然的对立又是相对的、有条件的，人们可以正确认识自然规律、保护生态环境。

习近平指出："历史地看，生态兴则文明兴，生态衰则文明衰。"[①] 纵观人类发展历史，人与自然的和谐状况是影响一

---

① 中共中央文献研究室. 习近平关于社会主义生态文明建设论述摘编 [M]. 北京：中央文献出版社，2017：6.

切文明存亡的基本变量。在不同历史条件下，由于生产力的发展水平、规模和程度不同，人与自然相互作用的方式以及人与自然界对立的激烈程度也不尽相同。起初，自然界"是作为一种完全异己的、有无限威力的和不可制服的力量与人们对立的，人们同自然界的关系完全像动物同自然界的关系一样，人们就像牲畜一样慑服于自然界"①。到了近代社会，人类改造自然界的能力远远超出了人类以往的任何一个时代，人与自然对立的激烈程度前所未有。从社会形态的演进路线与趋势来看，人与自然的关系在其中主要呈现为以下三种类型：

（1）依赖型的人与自然关系。这种类型主要存在于前资本主义社会。在这一类人与自然关系当中，生产力发展水平相对较低，人们的生态需求相对较少，自然环境相对稳定，基本经济资源的消耗主要体现在土壤与生活用能的消耗上。

（2）征服型的人与自然关系。这种类型主要存在于资本主义社会。在这种社会形态中，人们通常将自然界及其一切附属物视为野蛮掠夺和强力征服的对象，在社会关系上表现为畸形物化。而人与人矛盾的加剧，势必进一步加剧人与自然的矛盾，进而引起人与自然间物质变换的断裂，导致生态

① 马克思，恩格斯. 马克思恩格斯文集：第1卷［M］. 北京：人民出版社，2009：534.

系统的崩溃。可以说，在资本主义社会中，人类对自然的开发利用愈加深入。

（3）和谐型的人与自然关系。这种类型主要存在于共产主义社会。在共产主义社会中，由于资本主义生产资料私有制的消灭，人与自然关系的异化、人与人关系的异化，以及人的生态需求的对立分化、生态产品分配的不平等现象都已经得到克服，不生态不健康的生活方式将逐步消失，对自然的野蛮掠夺、暴殄天物等行为将不复存在，人们可以在大自然的怀抱中"诗意般地栖居"，与自然相互依存、和谐发展。

这三种类型的演变趋势昭示着人类社会前进的步伐。在第一种类型中，有时人与自然相处得当，有时人与自然关系剑拔弩张，由此带来了文明的进步或者衰退；在第二种类型中，人与自然的关系紧张到极致，全球性的生态危机也频繁爆发。如何正确看待人与自然的关系，真正能"生态兴"，从而达到"文明兴"？马克思主义经典作家认为，人与自然之间的关系应当建立在对自然规律的科学认识基础上，应当建立在对社会形态发展阶段的客观认识基础上，这样才能真正向着共产主义社会所指明的人与自然关系方向前进。这一点，正如恩格斯所指出的："不要过分陶醉于我们人类对自然界的胜利。对于每一次这样的胜利，自然界都对我们进行报复。每一次胜利，起初确实取得了我们预期的结果，但是往后和再往后却发生完全不同的、出乎预料的影响，常常把最初的结果又消除了。"①

二、生态文明是现代化进程的革命性产物

现代化与工业文明相伴而生。在现代化的张力下，工业文明形成了主客二分的哲学理念，应用到自然领域确立为"人为自然立法"。工业文明的现代化发展模式在追求物质财富的同时也面临着诸多风险，尤其是生态环境的日益恶化，这已经成为人类社会发展进程中的一大难题。我们创造性地提出"生态文明"这一概念，它是对过去三个多世纪以来工业化与城市化制度和生产生活方式的批判性超越，是现代化进程的历史革命。习近平指出："人类经历了原始文明、农业文明、工业文明，生态文明是工业文明发展到一定阶段的产物，是实现人与自然和谐发展的新要求。"② 可以说，"生态文明"的提出是对人类历史发展中构建文明与进步理念及其衡量标准的深度反思和审视，是在更长远的时间尺度下，实现人与自然和谐共生的历史革命。

① 马克思，恩格斯.马克思恩格斯文集：第9卷［M］.北京：人民出版社，2009：559-560.
② 中共中央文献研究室.习近平关于社会主义生态文明建设论述摘编［M］.北京：中央文献出版社，2017：6.

生产力是推动现代化发展的最终决定力量，驱动着人类社会从原始文明、农业文明到工业文明的转型，也推动着"生态文明"对"工业文明"的超越。进一步来讲，人类对于自然界持有什么样的态度、人类用什么样的劳动资料改造自然、人与自然的关系如何，成为决定生产力能否持续发展的关键。具体展开来看，人类对自然的态度由敬畏和崇拜变为征服和掠夺，人类与自然的关系由依赖变为对抗。原始文明和农业文明以劳动对象作为生产力变革的起点，单纯依靠消耗自然资源等劳动对象推动生产力发展的做法对生产力提升的水平有限，主要处于"依赖""敬畏"阶段。而以大工业生产为本质特征的现代工业文明则将变革劳动资料作为起点，创造出的生产力比之前所有文明创造的全部生产力还要多。然而，与之前不同的是，现代工业文明在人与自然的关系中将人类定义为主宰和征服自然的胜利者，自然则沦落为满足人类无限需要的金库、能源库，任君摆布，随意消耗、装点、肢解。生产力越发达，对生态环境的破坏越大，对自然资源的掠夺越多，因此这一阶段则主要处于"征服""对抗"阶段。工业文明社会发达的衡量标准是快速转化自然资源的能力，而非保有自然资源的数量。在这一历史背景下，生态文明是对传统农业文明和现代工业文明的扬弃，它克服了工业文明的"反自然性"弊端，从生态危机的根源出发反思人与自然的对立关系，坚持生态优先、绿色发展，从而自觉回归至自然的高级"亲生态性",真正缓解了人与自然之间的疏离关系和对立关系。

生态文明具有不同于工业文明的三个基础性特征。首先,动力来源的差异。工业文明的内在驱动力是人类需要与社会生产能力之间的矛盾,这种矛盾主要局限于人类社会内部,解决它的主要方式是通过科技的进步来提高人们的生产能力;而生态文明的内在驱动力则是人类生产方式与外在生产条件之间的矛盾。其次,利益导向的差异。工业文明虽然在一定程度上保护了工人和中产阶级的利益,但其更多关照的是资产阶级的利益;而生态文明更关注人民和自然的普遍利益。最后,生产特征的差异。工业文明以建立在现代科学技术基础上的机器大生产为特征,以大规模开发和流水线批量制造为主要手段,以交换价值和利润为目标;而生态文明则更注重生态系统的稳定性和可持续性,以谋求产业的生态化转型为特征,致力于创造一种更加和谐的生产方式,更注重人与自然的共生关系。

实际上,生态文明正是基于上述内容,推动着现代化本身成为保护环境的手段。区别于工业文明的现代化"误入歧途",在生态文明中,现代化进程同时也是生态理念贯彻、生态工程技术广泛应用以及生态环境保护和建设的过程。例如,现代科学技术成为生态文明中生态改革的核心机制,如提高单位土地面积的粮食产量,用喷灌、滴灌等方式改进农业用水条件。因此，生态文明赋予了现代化全新的理念，为其注入了生态内涵。以人与自然和谐共生为核心理念的生态文明，它的现代化发展道路就是"坚定不移走生态优先、绿色发展的现代化道路"①，同时注重自然界的使用价值和内在价值，是在自然界能够承受的范围内合理活动，真正将生态价值、经济价值和精神价值融入生产力的发展，在满足人民美好生活需要的同时将对自然资源的损耗、生态系统的破坏降低到最小，减少自然资源等有形生产要素投入，增加知识、技术等无形生产要素投入的内生增长模式的发展。从这一角度来说，生态文明不仅是一种对自然资源价值认可的社会文明，更是一种对人类需求更为长远考虑的社会文明；资源的价值不仅满足局部人类和当前人类，还着眼于对满足全体人类和未来人类的考量。

三、人的发展是人与自然和谐共生现代化的归宿

人是实现人类社会现代化发展的主体，实现人类社会现代化发展实质上是为了实现人的现代化。我们每一个"现实

① 习近平.习近平谈治国理政：第4卷［M］.北京：外文出版社，2022：367.

的人"都生活在一定的自然环境和社会人文环境之中，前者赋予我们自然属性，后者赋予我们社会属性。单从自然属性来看，人与自然是"生命共同体"。我们是大自然的一部分，自然的本质规定内化到人的本质之中，人类与自然共存、共生、共荣。不仅如此，我们作为"现实的人"，也能够自觉地与除自己之外的自然存在物建立某种联系，具备认识和运用自然规律的实践能力、尊重和维护自然价值的道德能力，比如牧羊人遵守草场放牧的规则、伐木工遵守林区作业的规则。因此，从这一点来看，处于主体地位的人，能够超越生物本能，以一种出于道德约束的方式与自然进行沟通，能够超越物质狭隘性，通过关注包括人与自然在内的整个生态系统价值实现与自然的和谐发展。

从用人的发展的不同阶段衡量人类社会历史发展进程的标准来看，人的发展就是在完成每一个发展阶段目标的基础上，逐渐向人的自由全面发展目标迈进。在这一过程中，人与自然的关系是运动的、具体的、历史的，每一个发展阶段形成了不同的人与自然的关系。具体来看，人还未完全获得独立性的"人的依赖关系"阶段是人类社会发展的第一个阶段。在这一阶段，人与自然的关系虽然呈现出一种较为"和谐"的状态，但是这种和谐并不是一种完善的和谐。生产力低下导致人类的劳动强度大，产品数量少且品种单一，粗放型生产方式不断引起自然环境的退化。接下来就到了"以物的依赖性为基础"的第二个阶段，在这一阶段，人虽然获得了独立性，但这种受到商品经济制约的人的独立性是相对的，人的个性和自由仍然受到极大的限制。在世界现代化进程已经开启的大历史背景下，虽然人的自由、人的解放应该是现代化发展所追求的价值目标，但是资本主义现代化的发展却导致人与自然、人与人、人与自身的关系发生了异化，使人失去了对自然价值的尊重、对自然规律的顺应、对自然资源的保护，人变成了单向度的"经济人"。同时，人类生产力的提升虽然增强了人类与自然界进行物质交换的能力，但是也增加了人类大规模开发、利用、破坏自然资源的能力，人与自然的关系愈加剑拔弩张，人的幸福与发展也成为镜花水月。与此同时，在人与自然打交道的过程中，人提升了对自然规律的认识能力、对人与自然关系的思辨能力、对自然环境的协调能力，这实际上为"个人全面发展"的第三个阶段奠定了基础。在第三个阶段，人实现了完全的独立性，由于人掌握了自己的生存和发展的条件，这就为人的自由全面发展创造了可能。

　　不管是从之前我们谈到的原始文明、农业文明、工业文明、生态文明这一文明形态序列看，还是从原始社会、奴隶社会、封建社会、资本主义社会、社会主义社会（共产主义社会）这一社会形态序列看，人与自然之间的实践关系实际上都是由被动的不自觉逐渐向主动的自觉、由受制于自然的不自由逐渐向超越自然的自由发展的。生态文明对工业文明的批判,最终是为了实现人的自由全面发展。人们所进行的作用于自然的实践活动,应该追求自然尺度与人的尺度的统一。展开来看,自然作为人类的对象性存在,只有与人的生存和发展联系起来,才能展现对人类的价值;同时,人要想生存在地球上,就必须依靠自然界提供物质资源。这就要求,人类在与自然进行物质交换的过程中,既要保持自身的主体性,又要承认自然界的内在价值,进而实现"人与自然和谐共生的现代化"。"人与自然和谐共生的现代化"既克服了人类中心主义只考虑人的价值而忽略自然价值的弊端,也克服了自然中心主义只考虑自然价值而忽略人的价值的缺陷,实现了人化自然与自然人化的统一。"人同自然的和解"作为人与自然和谐共生现代化的价值指归,便是通过实践活动完成人类对自然从盲目服从到征服支配再到尊重自然、遵循自然规律的螺旋式上升的认识过程,实现人与自然、人与人、人与自身的和解,人与自然之间形成了合规律性与合目的性的辩证统一,最终达到人的自由全面发展,这也正是恩格斯所指出的"在社会方面把人从其余的动物中提升出来"[①],"提升出来"指的正是改善人与自然的关系,优化人的生存环境,提高人的生命质量。

---

① 马克思,恩格斯.马克思恩格斯文集:第9卷[M].北京:人民出版社,2009:422.

第二节 对欧美现代化老路的深刻反思

一、生态危机是资本主义总体危机的具体表现

几千年来，人类文明在相对稳定的状态下缓慢发展，经历了一系列艰难的内部变革和外部探索。资本主义在西方的率先出现标志着人类社会发展历史上新的时代的开始，并迅速在世界范围内拓展。随后每一次以资本为主导的技术革命，都为"人化自然"树立了新丰碑。资本主义发达国家一脚迈进新世纪，另一脚却停留在过去，皮靴踩在大自然毫无遮盖的脸上，驯服它、开化它。虽然一部人类文明史在一定程度上也就是一部破坏和污染自然的历史，但生态危机只有在资本居支配地位时才会出现。

在资本主义社会中，社会的一切关系都是以资本的支配、控制和统治为表现的。服从于资本积累导向的资本主义社会经济关系和政治上层建筑，决定了它具有社会剥夺性（即对于广大无产阶级而言）和自然破坏性（即对于作为共同物品属性的自然环境而言），这是对以往所有社会发展阶段中人与自然关系的根本性转变。正如马克思在评价"资本的伟大的

文明作用"时所指出的:"以前的一切社会阶段都只表现为人类的**地方性发展**和对**自然的崇拜**。只有在资本主义制度下自然界才不过是人的对象,不过是有用物;它不再被认为是自为的力量;而对自然界的独立规律的理论认识本身不过表现为狡猾,其目的是使自然界(不管是作为消费品,还是作为生产资料)服从于人的需要。"①发展理念决定了发展方向、发展质量和路径选择,资产阶级的发展观引导的各种实践行动最终导致了生态危机。资本主义城市化就是导致生态问题的实践之一,"资本主义生产使它汇集在各大中心的城市人口越来越占优势,这样一来,它一方面聚集着社会的历史动力,另一方面又破坏着人和土地之间的物质变换,也就是使人以衣食形式消费掉的土地的组成部分不能回归土地,从而破坏土地持久肥力的永恒的自然条件"②。资本主义的内在动力是实现利润最大化,这种动力使得资本主义的各项具体行动导致了生态危机爆发。在资本主义社会中,资源被看作是可以随意掠夺和消耗的商品,资本主义的经济增长往往以牺牲自然环境为代价,剥削劳动力和掠夺自然资源是资本主义的必然选择。生产过剩的危机会转化为全面的再生产危机即"我们与自然的关系的危机",因而生态危机是资本主义总体危机的

---

① 马克思,恩格斯.马克思恩格斯全集:第46卷(上册)[M].北京:人民出版社,1979:393.

② 马克思,恩格斯.马克思恩格斯文集:第5卷[M].北京:人民出版社,2009:579.

重要表现。实际上，就算忽略资本支配地位的关键内核，我们在讨论竞争作为资本主义社会前进的基本动力机制时，也可以理解资本主义社会为何"创造"了生态危机：市场经济作为一种成熟的经济体系，通过竞争机制创造了高效的社会经济，同时它也迫使各领域选择最低成本的决策方案。将代价指向短期内无法"采取"报复行为的自然，是市场经济行为主体为降低自身成本、最大限度获取利益的共同选择。因此，竞争机制的社会体系以及经济成本最小化的核心原则，难以兼顾社会共同关系以及人与自然之间的关系，从而必然导致社会与生态的矛盾。

另外，资本主义生态危机并不只影响先发现代化国家自身，它或被动或主动地向后发现代化国家的"转移"，成为造就全球性生态问题的根源。一方面，在生态危机问题和资本支配作用的双重驱动下，欧美许多国家和地区实施了"去工业化"，即通过制造业的梯度转移来应对生态环境问题，将低附加值、高消耗、高排放的制造环节剥离到发展中国家，因此环境污染也在全球范围内由发达国家或地区向发展中国家或地区转移。尽管西方发达国家的许多学者相继提出了"可持续发展"理念，但是传统经济学的主导地位依然没有改变。另一方面，从全球工业化与环境污染来看，传统工业化增长模式在许多国家和地区仍在继续，全球生态持续恶化的趋势未得到根本缓解。例如，为了追求经济增长，一些拉美国家政府采取一味推进工业化、大量开垦耕地等经济政策，忽视了资源环境保护和生态平衡的重要性。这种无计划的开采和建设导致了一系列生态问题，生态环境的破坏使得社会经济发展和人民生命财产蒙受了巨大的损失。因此，如何更好走向符合自身发展的现代化之路是每个国家都需要考虑的重要问题。

二、资本主义的"绿色化"不能解决生态危机

资本主义无限扩张的工业主义生产模式与大自然的有限资源之间已经呈现出紧张关系，生态问题逐渐演变为一场波及全球各地和地球各生态圈的危机。实际上，资本主义国家内部并没有"视而不见"，它们对自身的发展方式也进行了一定程度的反思。从反思的结果来看，西方绿色思潮是资本主义内部反思现代性难题、探求绿色转型变革方式的综合理论成果。这一思潮可分为三个主要流派："深绿"生态中心主义、"浅绿"生态资本主义以及"红绿"生态马克思主义。

"深绿"理论指的是"生态中心主义"，包括生态哲学、生态伦理、深生态学等思想理论。该理论主张从价值观层面探究生态问题产生的源头及其解决方式，认为人类与自然应休戚与共，将人类的利益与整个自然的利益联系起来，倡导超越人类利益的思维，重新审视人与自然的关系，并追求回

归自然的生产方式和生活方式。这彻底实现了对西方近代以来人与自然主客体二分观念的扬弃和对西方现代物质主义的生态伦理反思，推动"人类中心主义"向"生态中心主义"的价值转变。

"浅绿"理论指的是"生态资本主义"，主要包括"可持续发展""生态现代化""全球环境治理"等思想理论，主张以工具理性思维通过技术革新、市场机制、政策统筹等温和的手段调和生态环境保护与经济快速增长的两难问题。在思考如何解决这一两难问题的探索中，这一理论主要以三个方面为切入点。一是关注经济发展的协调性，即经济发展规模、技术、结构与生态环境的协调问题。二是着眼于经济发展的可持续性，思考如何通过技术、社会组织等手段加以限制，建立一种经济、社会和生态综合发展机制。三是强调经济发展与生态现代化、全球环境治理的统筹性。"浅绿"理论以"可持续发展"为核心范畴，建构了一套由资本主义国家主导的涵盖国家—地区—全球的绿色转型理论话语体系，为渐进实现资本主义后工业化时期的经济绿色转型与生态现代化提供理论依据。

"红绿"理论指的是广义的生态马克思主义，主张在马克思主义视角下对严峻生态环境问题进行制度批判与构想，包括狭义生态马克思主义、生态社会主义两种主要形态。前者以北美学者为主，他们以历史唯物主义及其社会历史分析方法对资本主义生态危机及其制度进行生态批判；后者主要由欧美学者引领，侧重对绿色社会主义制度进行理论构想，通过深化对资本主义及其危机的生态批判，认为资本主义生产方式是导致生态环境问题的重要根源，改变资本主义的发展方式是解决生态危机的关键，而不是简单地恢复经济增长，要以实现世界经济与社会的可持续性、工业经济收缩到稳定状态、公正分担代价、道德提升等为全新发展方向。

实际上，不论是"深绿"、"浅绿"还是"红绿"，都是对资本主义生态危机的理论反思与方案尝试。从价值取向层面来看，面对如何破解生态危机与发展困境，西方绿色思潮长期存在"西方中心"与"非西方中心"两种价值观的争论。"深绿""浅绿"的理论本质均是资本主义绿色思潮"西方中心"价值取向，以维护资本主义制度既得利益秩序为前提。从理论基础层面来看，西方绿色思潮承接新自由主义政治经济范式及其理论框架，都没有摆脱西方市场导向的自由主义理论传统，难以走向更为彻底的绿色变革。从方法论层面来看，西方绿色思潮坚持现代主义工具理性，未能转化为绿色转型实现路径。

世界现代化进程仍在继续，生态问题已经成为有关人类和生态共同体健康生存与可持续发展的利益问题。无论是生态中心主义还是生态社会主义，它们都认为人与自然是相互依赖、相互作用的。面对全球性生态危机，我们需要吸取西方绿色思潮的合理因素，履行生态责任对政府来说是应尽职责，对企业来说则是不可或缺的重大社会责任。同时，我们也应该看到，西方绿色思潮具有其内在矛盾，是一定程度的"掩耳盗铃"，这也表明了西方难以走向真正的生态化之路。

三、坚持走中国特色的人与自然发展道路

虽然资本主义的"绿色化"不能解决生态危机，但工业化绿色转型仍是世界经济可持续发展的重大命题。"先污染后治理"道路让许多现代化国家在资源、环境和生态方面付出了沉重代价。中国作为后发国家，其历史进程和发展条件与西方不同，需要探索一种不同于西方发达国家的现代化道路。西方发达国家在发动工业化时，利用先发优势，通过战争、殖民、掠夺等方式积累了原始工业资本，并在国际市场上取得了优势。相比之下，中国开启工业化的时间较晚、基础较弱，在贸易体系中处于不利地位。此外，中国的人均资源占有量远低于西方国家，面临着能源资源和环境约束，难以支持和维系资源高消耗的生产生活方式。

因此，由于生态环境的制约，发展中国家需要走上与发达国家不同的道路，人类需要对整个工业文明进行深刻的反

思。习近平指出，我国在发展过程中绝不走发达国家的老路。我们只有认识到"老路"是什么，才能更进一步去谈如何实现"超越"。西方发达国家的现代化"老路"，就是奉行单向、线性的经济发展模式，即"资源—产品—污染"模式；就是在大规模、高强度地开发和采用资源能源的同时，将产生的废物和污染排放到自然环境中，以实现工业文明下竞争和成本的最小化原则。这种经济发展模式，与生态环境之间存在着深层次的矛盾，导致人们长此以往形成了经济发展和环境保护不可兼得的错误观念，虽然会创造出巨大的物质财富，但也会造成环境污染、资源枯竭等严重问题。

出于对这些问题的考量，我国适时提出了"人与自然和谐共生"的现代化新理念，倡导走经济增长、环境保护和人民福祉并重的发展道路。这与传统现代化和工业文明特有的"资源—产品—污染"的线性发展模式截然不同，强调人与自然是和谐共生的共同体，这是对传统现代化理念和模式的生态重塑，推动了人类文明范式的全面生态转型。特别是进入新时代以来，我国的生态实践着力构建一条实现人与自然和谐共生的现代化道路。以习近平同志为核心的党中央不断推进理论创新，提出了创新、协调、绿色、开放、共享的新发展理念，这一理念强调绿色是永续发展的必要条件和人民对美好生活追求的重要体现，强调必须坚持节约资源和保护环境的基本国策，实现历史性、变革性、综合性绿色发展。事实证明，"人与自然和谐共生"的中国式现代化，必将引领开创人类文明的新形态。

第三节　"绿水青山就是金山银山"蕴含的中国式现代化故事

一、守住绿水青山，收获金山银山

与世界上所有的国家在现代化进程中遇到的问题相同，中国化马克思主义在推进中国式现代化进程中也面临着生产力迅速增长的经济渴望与自然生态系统有限支撑之间的矛盾。新中国成立后，我国面临着人民生存和社会发展的重大问题，毛泽东在平衡现代工业、农业生产与自然环境方面提出生态保护与综合利用并重的宏观原则，并提出了例如植树造林、发展水利等具体政策。改革开放后，我国率先制定了《中国21世纪议程：中国21世纪人口、环境与发展白皮书》，并把可持续发展战略正式确定为中国现代化建设中必须实施的战略。党的十八大以来，以习近平同志为核心的党中央用"绿水青山"与"金山银山"的类比，提出正确认识生态环境和生产力发展之间的辩证关系。良好生态本身蕴含着无穷的经济价值，能够源源不断创造综合效益，实现经济社会可持续发展。

2005 年，时任浙江省委书记的习近平在浙江安吉余村考察时，首次提出"绿水青山就是金山银山"的重要论断。"两山论"揭示了保护生态环境就是保护生产力、改善生态环境就是发展生产力，这既是重要的发展理念，也是推进现代化建设的重大原则。在"两山论"的指引下，浙江率先进行破解"先污染后治理"的传统发展模式的实践探索，安吉"一片叶子富了一方百姓""从卖石头到卖风景"的故事被传为佳话。2015 年 9 月，中共中央、国务院印发的《生态文明体制改革总体方案》要求："树立绿水青山就是金山银山的理念"。2017 年 10 月 18 日，党的十九大报告指出："必须树立和践行绿水青山就是金山银山的理念"。随后，"增强绿水青山就是金山银山的意识"这一内容，被写入党的十九大通过的修改后的《中国共产党章程》之中。至此，"两山论"成为全党的共同意志和共同行动。在这一过程中，"两山论"也不断得到丰富。从"绿水青山是人民幸福生活的重要内容"到"保住绿水青山要抓源头"，从"绿水青山和金山银山决不是对立的，关键在人，关键在思路"到"探索一条生态脱贫的新路子"，"两山论"成为习近平生态文明思想的重要内容。

"绿水青山就是金山银山"的正式提出，赋予中国式现代化进程，赋予生态文明建设新的特征。纵观历史长河，人

类对绿水青山和金山银山之间关系的认识，主要经历了三个
阶段：第一个阶段是用绿水青山去换金山银山，不考虑或者
很少考虑环境的承载能力，一味索取资源；第二个阶段是既
要金山银山，也要保住绿水青山，经济发展与资源匮乏、环
境恶化之间的矛盾开始凸显出来，人们意识到环境是我们生
存发展的根本；第三个阶段是认识到绿水青山可以源源不断
地带来金山银山，绿水青山本身就是金山银山，生态优势可
以变成经济优势，二者形成了一种浑然一体、和谐统一的关
系。从"用绿水青山去换金山银山"到"绿水青山就是金山
银山"，展现了经济增长方式转变的过程、发展观念不断进步
的过程，以及人与自然关系不断调整、趋向和谐的过程。"绿
水青山就是金山银山"，为中国式现代化贴上美丽标签，深刻
彰显出中国式现代化与破坏生态和挤压人性的传统现代化的
根本区别；它牢牢立足"中华民族永续发展的根本大计"新
定位，注重生态文明建设的持续性与长期性。

　　秉持绿水青山就是金山银山的理念，生态文明建设也实
际上成为经济高质量发展的重要助力。正确处理经济发展与
生态环境保护的关系，就要探索生态资产存量转变为生态资
本增量的具体途径，打通"绿水青山"与"金山银山"之间
的通道。绿水青山表征着一种生态优先发展战略，保护生态
环境不仅可以改变城乡面貌与人居环境，更能改变一个地区
的发展观和价值观。各地区也在实践中不断探索着平衡二者

关系的发展策略。例如：经过"绿色长征"，山西右玉书写了防风固沙、改善生态的绿化史，由风沙成患、山川贫瘠的不毛之地变为"塞上绿洲"，生态文明建设成绩斐然，并且通过建立生态观光旅游景区、发展文化旅游产业，农民"钱袋子"真正鼓了起来[1]；宁夏永宁实施重点工程造林项目、培育构建生态产业，坚定不移走生态优先、绿色发展之路，依托独特优质的生态资源，不断做强特色农业产业，提升绿水青山"颜值"，焕发出金山银山"价值"[2]。推动高质量发展要将生态优势变为经济优势，以良好生态环境助力可持续发展。只有守住绿水青山，才能换来金山银山。

二、留得住青山绿水，记得住乡愁

乡村不仅为城市发展提供粮食、劳动力，而且在经济社会稳定发展、规避风险中有着不可替代的功能，是我国现代化建设的重要组成部分，也是"绿水青山就是金山银山"的"实践取景地"。自然资源是发展生态产业的基础，如果把生态环境优势转化为生态农业、生态工业、生态旅游、健康休

---

[1] 接力60年，沙洲变绿洲：山西右玉的绿色发展之路 [N].人民日报，2016-06-19 (1).
[2] 山海协作地 美丽新乡村 [N].人民日报，2021-03-18 (14).

闲等生态经济优势，那么绿水青山也就自然而然变成了金山银山。在具体的现代化实践探索中，如何改善农村人居环境，保留乡村景观的特色性与完整性，完善农村生活系统，深层次挖掘生态、经济与社会价值，促进农村的经济发展和可持续性，从而真正"留得住青山绿水，记得住乡愁"，成为我国经济社会发展注重的关键问题。

我国有 300 多万个村庄，这些村庄的自然条件、经济发展水平以及风俗习惯等都有很大差别。一方面，自然地域性的差异化所体现出来的村庄客观性感受是不同的，例如江苏南京的乡村因平原地形和茶庄文化形成了广袤茶海，河南林州的乡村则能体验到山路深处与世无争的静谧与怡然。另一方面，乡村的人文属性也颇具特色，许多村庄仍保留着历史遗留下来的特殊风俗和文化，例如苏州丝绸小镇保留着许多原始的丝绸制作技巧、机器和作品，这些文脉资源并未在留下历史烙印后黯然失色，反而在民间村庄中熠熠生辉。因此，面临这些丰富遗产，如何在原有传统乡村性景观的基础上，凸显乡村品质和精神属性，重点加强对乡村历史与文脉的传承，成为乡村生态与经济"双赢"的决定性因素。自 21 世纪新农村建设以来，我国已经从最初的重视建筑、以重要设施建设为目标重心向城乡一体化、重视乡村性转变，主要以农村的基础设施建设、景观环境改善、农村文化遗址保护等为着眼点开始了探索人与自然和谐共生的现代化之路。党的

十八大以来，习近平围绕美丽乡村建设提出了一系列新思想、
新观点、新要求。2013 年，习近平从乡村本位的视角，明确
提出中国城镇化要成为望得见山、看得见水、记得住乡愁的
城镇化。2014 年中央农村工作会议指出，要推动"物的新农
村"和"人的新农村"建设齐头并进，"既要金山银山，也要
绿水青山"。2015 年，习近平在视察云南昭通、大理、昆明
等地时指出："新农村建设一定要走符合农村实际的路子，遵
循乡村自身发展规律，充分体现农村特点，注意乡土味道，
保留乡村风貌，留得住青山绿水，记得住乡愁。""经济要发
展，但不能以破坏生态环境为代价。"①绿水青山不仅是养眼的
风景，更体现出金山银山的效应。当前，我国云南地区生态
环境已有很大改观，真正变为"四时有不谢之花，八节有长
青之草"，成为"美丽中国"版图中的"绿色明珠"。

不仅仅是云南，针对新农村建设如何突出地方特色、突
出原有风貌，在经济发展的同时能够"记得住乡愁"，各地方
乡村建设也在实际工作中不断探索符合本地特色、经济可持
续的发展之路。截至 2017 年，我国农业部共公布 4 批次 550
个中国最美休闲乡村名录，总结和形成了以江苏省永联村为
例的产业发展型、以浙江省高家堂村为例的生态保护型、以
宁夏回族自治区王家庄村为例的城郊集约型、以吉林省广发

---

① 习近平在云南考察工作时强调 坚决打好扶贫开发攻坚战 加快民族地区经济社会发
展［N］．人民日报，2015-01-22（1）．

村为例的社会综治型、以河南省平乐村为例的文化传承型、以广东省冯马三村为例的渔业开发型、以内蒙古自治区脑干哈达嘎查为例的草原牧场型、以广西壮族自治区红岩村为例的环境整治型、以贵州省万峰林街道为例的休闲旅游型、以福建省三坪村为例的高效农业型等美丽乡村创建的十大模式。它们分别代表了不同类型的地区在各自的自然资源禀赋、社会经济发展水平、产业发展特点及当地民俗文化传承下，开展美丽乡村建设的成功路径和经验。

作为新时代中国特色社会主义现代化建设的目标之一，美丽中国是对我国现代化"绿色属性"的确定。美丽乡村建设在同美丽中国相联系的基础上，注重同农村居民的幸福美好生活相结合，是百姓所期盼、所理想的"美丽乡村"。这既是对"两山论"的进一步阐释，也为农村建设指明了方向。2018年，我国进一步出台了《乡村振兴战略规划（2018—2022年）》，为促进农村全面进步，最终实现生产美、生活美、生态美的美丽乡村提供了详细的指导意见。可以说，实现人与自然和谐共生的现代化作为中国式现代化的重要特征，已经推动不同农村地区实现了不同于简单"城镇化"的可持续发展，相关乡村旅游产品体系的构建，在保护当地生态的同时也为当地农业供给侧结构性改革步伐的迈进奠定了坚实的基础。

三、"山水林田湖 +"是一个生命共同体

从几十亩地的沟路林渠田，到几平方公里的山水林田村，再到几百平方公里的山水林田湖，是一个生命共同体。自然生态系统各要素间相互依存、相互影响，正如习近平在党的十八届三中全会上所指出的："我们要认识到，山水林田湖是一个生命共同体，人的命脉在田，田的命脉在水，水的命脉在山，山的命脉在上，上的命脉在树。"[①] 这就形象、生动地表明人直接来源于自然、人直接内化为自然生态系统这一事实。因此，当我们把生态的各个要素看成一个有机整体时，在生态环境的保护上也就不能走头痛医头、脚痛医脚的老路，而是要"算大账、算长远账、算整体账、算综合账"，从全局部署的角度去看生态环境保护的问题。习近平曾引用《荀子·天论》中的经典名句"万物各得其和以生，各得其养以成"，强调"环境治理是一个系统工程"；2015 年我国通过的《生态文明体制改革总体方案》将树立山水林田湖是一个生命共同体的理念作为生态文明体制改革的六大理念之一，提出要按照生态系统的整体性、系统性及其内在规律，统筹考虑自然

① 中共中央文献研究室 . 习近平关于全面建成小康社会论述摘编［M］. 北京：中央文献出版社，2016：172.

生态各要素，进行整体保护、系统修复、综合治理。

从自然资源角度理解，每一类自然资源要素都在国土空间内通过物质、能量、信息的交流，彼此间相互影响、相互制约并维系着人类的生产、生活、生态需求。正如习近平所指出的："生态是统一的自然系统，是各种自然要素相互依存而实现循环的自然链条"①。因此，山水林田湖应该被视为人类赖以生存的自然资源的全部，我们可以将其通俗地看作是"山水林田湖+"，进一步扩充为山水林田湖草、山水林田湖草沙、山水林田湖草沙冰等等，因此"山水林田湖"是一个开放式非闭合的概念集合。例如，2017 年，中共中央办公厅、国务院办公厅印发的《建立国家公园体制总体方案》进一步提出了要"坚持将山水林田湖草作为一个生命共同体"。将"草"纳入"山水林田湖生命共同体"，扩展了生命共同体的边界和范围，突出了生态环境保护和生态文明建设的系统性。2021 年，习近平在参加十三届全国人大四次会议内蒙古代表团审议时进一步指出，"统筹山水林田湖草沙系统治理，这里要加一个'沙'字"②，而且"山水林田湖草沙怎么摆布，要做好顶层设计，要综合治理，这是一个系统工程，需要久久为

①　中共中央文献研究室.习近平关于社会主义生态文明建设论述摘编［M］.北京：中央文献出版社，2017：55.

②　"'绿水青山就是金山银山'是增值的"［N］.人民日报，2021-03-06（1）.

功"①。把生命共同体的边界扩展到"沙",科学阐明了荒漠化防治的中国方案和中国智慧,坚持对自然界进行系统保护、系统修复、系统治理。针对青藏高原生态环境的特殊性,习近平在提出"冰天雪地也是金山银山"理念的基础上,在2021年考察西藏时明确提出"坚持山水林田湖草沙冰一体化保护和系统治理"②,将"冰"正式纳入生命共同体。"冰"的保护对于青藏高原乃至全球生态环境保护来说至关重要,这是因为冻土融化会把埋藏在里面的老碳释放到水体中,增加全球二氧化碳排放,从而进一步加剧全球气候变暖的趋势。

"不谋全局者,不足以谋一域"。要落实"两山论",就要有"一盘棋"的思想。习近平指出:"要按照系统工程的思路,抓好生态文明建设重点任务的落实,切实把能源资源保障好,把环境污染治理好,把生态环境建设好,为人民群众创造良好生产生活环境。"③自然系统在构成上具有多样性、复杂性,大气圈、水圈、土壤圈是地球圈内部相互作用的组成部分。大气污染、水体污染、土壤污染的叠加会形成整体效应。另外,各种污染物会突破地理单元进行跨城乡、跨区域、

---

① 历史交汇期的宏伟擘画:从党的十九届五中全会到2021年全国两会 [N].人民日报,2021-03-13(1).

② 全面贯彻新时代党的治藏方略 谱写雪域高原长治久安和高质量发展新篇章 [N].人民日报,2021-07-24(1).

③ 中共中央宣传部.习近平总书记系列重要讲话读本 [M].北京:学习出版社,人民出版社,2014:126.

全流域、全海域传播和扩散，并造成累积效应和滞后效应，加上不同地理单元之间的不平衡和不充分发展会影响污染物的传播和扩散方式，也会进一步加剧环境污染的社会后果。因此，在发挥各项污染治理的累积效应和长期效应的同时，必须统筹各种污染治理，将污染防治作为一项总体战略加以推进。生态文明建设各项工作存在着复杂的关联，以水污染治理为例，正如习近平所指出的："治理好水污染、保护好水环境，就需要全面统筹左右岸、上下游、陆上水上、地表地下、河流海洋、水生态水资源、污染防治与生态保护，达到系统治理的最佳效果。"①

---

① 习近平.习近平谈治国理政：第 3 卷［M］.北京：外文出版社，2020：363.

| 第二章 |

人与自然和谐共生现代化的问题视域

人与自然和谐共生是中国式现代化的特征与观念革命。从古至今，人非地不立、非谷不食，任一社会都要占据一定的土地空间，从事生产、解决生存发展问题，自然的意义存在于现实之中。"纸上得来终觉浅，绝知此事要躬行。"实现"人与自然和谐共生"的现代化目标体现在人们处理经济、政治、社会等具体问题的实际生活与实践之中，由此汇集成了我国现代化事业的宏伟蓝图。通过探讨这些重要问题视域所包含的内容，我们能够真正理解"实现人与自然和谐共生的现代化"理想是如何变为现实的，正如习近平引用古语所指出的："志之所趋，无远勿届，穷山距海，不能限也。"①

---

① 中共中央文献研究室.十八大以来重要文献选编：上［M］.北京：中央文献出版社，2014：338.

第一节　人与自然和谐共生现代化的重大经济问题

一、转变经济发展方式，突破生态文明建设困境

习近平深刻指出："生态环境问题归根到底是经济发展方式问题"[①]。人类生产发展史就是一部开发利用和进行资源代换的发展史，生态与经济的矛盾是当代社会发展中的基本矛盾。经济发展有着自然生态环境承载容限意义上的边界，经济增长的收益与代价无法用得失冲销或利弊相抵的方式来衡量。当我们在探讨生态环境和经济发展的一般关系时，可以从以下三个方面具体展开：

其一，生态文明精神引导经济发展方式转变。经济产出总量增加的过程，必然是自然资源消耗增加的过程，也是可能产生环境污染和生态破坏的过程。科学的经济发展方式必

[①] 中共中央文献研究室.习近平关于社会主义生态文明建设论述摘编[M].北京：中央文献出版社，2017：25.

须体现生态文明的精神。只有这样，才能有利于生态环境的保护，有利于资源的节约集约利用，有利于人与自然和谐相处关系的建立，以实现人类的经济、政治、文化权益与生态权益的有机统一，走经济社会可持续发展之路。

其二，生态文明建设塑造新的经济增长点。建设生态文明，有利于拓展新兴生态产业的成长空间，有利于拓展经济社会发展的承载空间，并将进一步推动国家与地方生态环境项目的整治、新能源项目的开发、农村环境基础设施项目的投入；既能拉动当前的经济增长，又能增强可持续发展后劲。

其三，生态文明建设促使经济发展方式实现根本性转变。促进经济发展由粗放增长转变为集约增长，必然要求从主要依靠物质资源的消耗向主要依靠科技进步、劳动者素质提高、管理创新转变。资源节约、环境友好、人与自然和谐相处，既体现了生态文明的建设成果，也为转变经济发展方式提供了支撑条件与重要保障。同时，经济发展方式实现科学转变，反过来也将进一步推动生态文明建设水平的提高。

我国具体经济社会发展的实践也提供了实例证明。新中国成立以来，特别是改革开放以来，我国经济社会发展取得巨大的成就，实现了历史性跨越。但我们也应该看到，在取得这些成就的同时也付出了沉重的生态环境代价。实践证明，生态环境问题产生的根源在于传统文明观指导下的传统经济发展模式的粗放型特征，传统发展观主要以提高劳动生产率、减轻劳动强度、节省劳动时间为经济技术发展的标志，是一种高生态损耗、低生态涵养的发展方式。这种单纯追求产品数量和增长速度的粗放型经济增长方式，具体表现为由大量的资本投入换取国民生产总值的增长、环境代价巨大，具有不可持续的特点。因此，它虽然在实现工业化方面起过历史作用，但随着现代经济社会的发展，其片面性日趋显露突出——导致生存与发展的生态空间越来越小，生态约束越来越大，使得国家经济发展方式脱离人与自然和谐共生现代化的轨道。因此，需要用生态的观念去评价人类的经济活动，制定经济政策和经济发展战略。1987年党的十三大提出转变经营方式的思想，指出经济发展要从粗放经营为主逐步转上集约经营为主的轨道；1995年党的十四届五中全会明确提出要实现经济增长方式从粗放型向集约型转变；2007年党的十七大则提出加快转变经济发展方式的战略任务，进一步明确了转变经济发展方式的基本思路和总体要求。

虽然已经明确提出了转变经济发展方式，但是我国经济发展仍面临困难与问题。进入新时代以后，我国对传统发展方式尚未实现根本性转变进行了深刻分析，强调转变经济发展方式并非仅仅是要素的组合与配置问题，而是要正视经济发展方式转变过程中的生态约束，包括资源承载空间日趋狭窄的资源约束、能源支撑能力日益弱化的能源约束、环境承载力严重下降与污染排放的空间约束、生态损失逐渐上升的成本约束等多个方面。可以说，按生态文明的要求加快经济发展方式转变，是生态文明建设的必然要求，关系到改革开放和社会主义现代化建设全局。因此，转变现行经济发展方式的过程，实际上是生态文明建设的过程，也是在建设生态文明的过程中重构社会经济发展体系的过程。这就要求发展模式与发展动力从要素投入型向创新驱动型转变，即注重内涵扩大再生产的集约型经营。其具体的内涵要求主要可以概括为以下几个方面：

（1）实现有效益、有质量的经济发展，需要采取措施来改变经济发展方式，从过度依赖资源和规模扩张转向依靠技术进步和创新驱动经济增长，实现资源利用的高效率和经济增长的高质量。

（2）经济发展需要依靠科技进步和提高劳动者素质来推动经济规模和质量的提升。通过提高生产过程中的技术含量和技术贡献率，减少资源和能源的消耗，实现经济的可持续发展。

（3）选择有利于节约资源的生产技术类型。采用资源节约型的生产技术，以降低生产成本、减少环境污染治理费用、缓解市场原料和能源供应压力、减轻基础产业和基础设施负担，同时摆脱社会经济资源供给的制约，以推动经济持续发展。

（4）通过空间布局的调整和优化，提高资源利用效率，

改善工业发展的地区布局、结构和企业规模，实现城乡工业
合理分工、协调发展，推动地区产业结构的战略性调整和适
应资源优化配置的需求。

二、坚持社会主义基本经济制度，创造生态文明建设新优势

在坚持社会主义基本经济制度的条件下，我国绿色发展
的体制优势主要包括以下三个方面：（1）公有制，决定了资
源性资产的社会所有与集体所有，能够按照公有利益来管理
和使用自然资源。（2）市场机制，生产要素价值化，能够决
定资源有偿使用与市场评估。（3）顶层设计，能够将生态环
境的目标纳入国民经济发展规划当中。

恩格斯指出："生产资料由社会占有，不仅会消除生产的
现存的人为障碍，而且还会消除生产力和产品的有形的浪费
和破坏，这种浪费和破坏在目前是生产的无法摆脱的伴侣，
并且在危机时期达到顶点。"[①] 在资本主义私有制社会中，生
产力被赋予资本不断扩张的本质，使生产具有反生态性，生
态破坏不可避免。即使某些群体因为短期的经济利益或其他

---

① 马克思，恩格斯. 马克思恩格斯选集：第 3 卷［M］. 3 版. 北京：人民出版社，
2012：670.

原因，在生态保护问题上暂时联合起来，达成共识，但这种联合是不可持久的，因为参与者都是为了实现自身最大化利益而加入的。然而，工人阶级掌握政权后所建立的国家，代表着整个社会成员的利益，其性质与以往相比发生了根本性的变化。社会主义现代化瓦解了一切私人利益，能够真正为"人类与自然的和解以及人类本身的和解开辟道路"①，具体来看，公有制代表着人们的共同利益，国有企业作为国民经济的中坚力量和重要支柱，是发展绿色经济和倡导生态文明的重要主体。首先，一般意义上的企业可能绿色发展积极性不高，是因为企业生产所造成的环境污染和生态破坏具有"外部性"。也就是说，它们生态破坏的行为虽然直接影响到其他社会群体乃至整个经济体的长远发展，但却无须给予相应支付或相应补偿。绿色发展要求内化污染治理和生态修复等成本，这就会增加成本、减少利润，给企业带来顾虑，但国有企业由于并没有私人利益，就较少有这方面的考虑。特别是在中央已经高度重视绿色发展的背景下，长期积极响应中央号召的国有企业会有很强的动力和意愿主动践行绿色发展。其次，许多国有企业在市场份额、盈利能力和技术水平方面都处在领先地位，具有落实绿色发展理念的实力，并能通过对绿色、循环、低碳技术的创新和率先应用，发挥示范效应，从而能够带动整个行业向着绿色产业体系转变。作为社会主

---

① 马克思，恩格斯.马克思恩格斯选集：第1卷［M］.3版.北京：人民出版社，2012：24.

义国家，我国多次强调要发展公有制在自然资源领域的多种实现形式，支持关涉生态文明建设领域的国有资本和国有企业做强做优做大，以进一步强化国有企业的责任担当，发挥国有企业在绿色发展中的重要作用。

　　资源稀缺的状况能够通过市场信号准确便捷地反映出来，因此利用好市场，也是保护好环境、节约自然资源的一个重要手段。党的十八大以来，随着社会主义市场经济体制的不断完善和发展，环境保护市场机制得到高度重视。其一，初步形成以市场手段推动环保的动力机制。2018 年 5 月，习近平在全国生态环境保护大会上指出："要充分运用市场化手段，完善资源环境价格机制，采取多种方式支持政府和社会资本合作项目"[1]。近年来，我国注重经济手段在生态环境保护领域的创新与应用，初步形成以市场手段推动生态环境保护的动力机制。其二，环境权益交易政策改革有序推进。例如，我国于 2021 年启动了全国碳市场，这是利用市场机制控制温室气体排放的重大制度创新。与传统的行政手段相比，碳市场的好处在于既能将温室气体控排责任压实到企业，又能为碳减排提供激励，激发市场主体参与活力。其三，资源环境价格机制不断健全。2018 年，我国出台《关于创新和完善促进绿色发展价格机制的意见》，从完善污水处理收

---

[1]　坚决打好污染防治攻坚战 推动生态文明建设迈上新台阶［N］.人民日报，2018-05-20（1）.

费政策、健全固体废物处理收费机制、建立有利于节约用水的价格机制、健全促进节能环保的电价机制等方面提出了一系列具体措施，推动我国价格政策在绿色产品消费、能源替代、资源效率提升等方面的功能日趋完善，实现环境治理从过去"谁污染，谁付费"的外在约束，转变为"谁治理，谁收费"的内生激励。其四，生态环境治理市场化模式探索积极推进。例如，我国积极探索生态环保领域政府和社会资本合作（PPP）、推进环境污染第三方治理、建立生态环保金融支持项目储备库等市场治理模式；积极探索开展生态环境导向的城市开发（EOD）模式，推进生态环境治理与生态旅游、城镇开发等产业融合发展。通过充分运用市场化、专业化、产业化方式，推动生态产品"难度量、难抵押、难交易、难变现"、生态环保项目融资缺乏抵押物和现金流等问题的有效解决，在为市场化融资创造条件的同时，提高生态价值转化的效率。

我国顶层设计也强调将生态文明建设纳入经济发展规划，为有序推进绿色发展指明了方向。2016年，"十三五"规划提出绿色发展总目标，将绿色发展扩展到促进人与自然和谐共生、加快建设主体功能区、推动低碳循环发展、全面节约和高效利用资源、加大环境治理力度和筑牢生态安全屏障六个方面，在经济社会发展主要指标中，资源环境指标有10项，均为约束性指标。"十三五"期间，实施了绿色发展的重大工程共计 8 大类，共有 39 个具体项目，投资规模之大、建设效益之高，不仅创下了当代中国绿色投资、绿色发展纪录，也创下了当代世界绿色投资、绿色发展纪录。2021 年，"十四五"规划擘画了中国开启全面建设社会主义现代化国家新征程的宏伟蓝图，并将"生态文明建设实现新进步"作为"十四五"时期经济社会发展主要目标之一，列出了绿色生态 5 个约束性指标，第十一篇的主题就是"推动绿色发展 促进人与自然和谐共生"，还专门设计了重要生态系统保护和修复工程（8 项）、环境保护和资源节约工程（6 项）。另外，我国在宏观调控中也强调财政政策和货币政策的运用。例如，当前我国已初步形成应对生态环境的财政政策体系，包括支出、税收、政府采购、转移支付、财政补贴等方面，涉及碳生产、碳减排、碳处理、碳汇等多个领域。这些政策具有较强的针对性、具有明确的目标导向，主要解决和应对生态环境中不同环节和不同领域的特定问题。

三、统筹绿色工业转型，推动形成绿色发展之路

与西方发达国家不同，我国是在快速工业化的过程中介入"绿色发展"的。进入经济新常态之后，在自然资本日益

稀缺、优美生态环境需要日益高涨的新约束条件下，我国面临着快速工业化和绿色转型的双重任务，工业化绿色转型面临成本高、风险大、任务重等挑战。习近平指出，绿色发展"是当今时代科技革命和产业变革的方向，是最有前途的发展领域"①。坚持绿色发展，改变传统的生产模式和消费方式，使资源、生产、消费等要素实现协调统一，是实现高质量发展的必由之路，有利于合理统筹生态保护与经济社会发展问题，实现人与自然和谐共生。

1. 由数量型赶超转向质量型发展：以供给侧结构性改革为主线

当前我国经济总量居世界第二，而且是全球唯一一个拥有联合国产业分类目录中所有工业门类的国家。随着经济发展进入新常态，我国经济增长由高速转向中高速，过去追求规模数量型的赶超策略也转向追求高质量发展的新阶段。

我国的工业增长长期依靠需求拉动（包括投资需求、外贸需求和国内消费），其中国内消费一直是短板，但刺激消费在较长时期内是促进经济增长的重要手段，因此需要多加关注。这里有两个选择，一个是从需求侧重点发力，一个则是从供给侧入手改革。如果从需求侧着力，可能会刺激企业扩大再生产，进而加速资源消耗和污染排放。具体来看，一

① 习近平.习近平谈治国理政：第2卷［M］.北京：外文出版社，2017：198.

方面，采取信贷、补贴等政策手段容易刺激产生过度性和浪费性消费，导致更大的资源消耗；另一方面，低价格手段刺激消费也会降低企业对绿色发展和环境保护问题的关注度。鉴于将重点放在需求侧会造成一系列经济问题，我国提出了供给侧结构性改革的重要决策，要求构建绿色低碳循环的现代化经济体系，这对工业绿色转型产生了直接的正面影响。（1）重拳淘汰落后产能，促进产业结构高级化。通过去产能政策，大量淘汰以"低小散乱"为特征的小企业。（2）大力推行清洁生产和循环经济，促进生产方式生态化。使用绿色环保低碳的生产技术不仅能够从源头上控制污染物的排放，同时也能形成以"生产—使用—回收—再利用"为特征的循环经济模式，在产业布局上实现物质循环、互利共生，以最低的资源和环境成本实现经济发展和环境保护之间的平衡。当前，随着我国供给侧结构性改革的深入推进，绿色发展成效卓著，生态文明建设正有条不紊加快部署步伐。

实践表明，以供给侧结构性改革为主要手段的经济调整策略，在淘汰落后产能、提升绿色产业比重方面具有良好且直接的成效，绿色低碳循环的现代经济体系正在加速形成。

2. 由要素驱动转向创新驱动：抓住新技术革命

进入经济新常态以后，中国经济发展会呈现出不同于以往的特征，其中一个问题就是，我国经济长期依靠的传统红

利正在加速消失，具体表现为：一是传统人口红利弱化。随
着新型城镇化和乡村振兴战略的持续推进，农村过剩劳动人
口规模逐步减小、劳动力价格持续上升正在成为中国劳动力
市场的新常态。二是传统资源能源红利弱化。当前我国资源
能源约束趋紧，土地、原材料、能源等要素成本均呈现不断
攀升态势，给制造业发展带来较大压力。三是环境容量与资
源存量日益紧张。一方面，大气、土壤、水资源的污染程度
已经非常严重；另一方面，从工业化中期向后期过渡，对经
济系统的自主创新能力提出了更高要求。因此，必须摆脱传
统比较优势的路径依赖，以技术创新推动产业升级。

从世界范围来看，自 2008 年金融危机之后，各国都在寻
求新的经济增长点。在全球经济大转型的背景下，新技术革
命的到来为我国产业实现跨越式转型升级创造了关键机遇。
同 18 世纪的蒸汽机和铁路、19 世纪的电力和汽车、20 世纪
的信息通信技术一样，经济变革主要通过关键要素变迁实
现。在大数据、新能源、人工智能等数字技术领域，我国与
世界发达国家均处在相同起跑线，产业价值链尚未形成固定
的分工格局，这为我国高端切入新价值链创造了机遇，同时，
这些数字技术也逐渐成为我国实现创新驱动的主要推动力。
"十四五"时期是我国由科技革命加速向产业变革演化的关键
时期，以创新为第一动力加快绿色科技创新，是推动高质量
发展、构建绿色发展新格局的迫切需要。绿色工业转型作为

中国新型工业化的必由之路，要求以数字技术作为"关键要素"投入，引领生产方式的系统改变而形成新经济格局。

3. 由"唯 GDP"转向"绿色 GDP"：推动有效市场和有为政府更好结合

GDP 是国民经济核算的核心指标，也是衡量一个国家或地区经济状况和发展水平的重要尺度。因此，我国各级政府都将 GDP 作为制定经济发展计划的战略目标之一。不可否认，GDP 能有效反映市场经济条件下纯粹的经济发展。但是，我们从 GDP 中只能看出经济产出总量或经济总收入的情况，却看不出这背后的环境污染和生态破坏。经济发展中的生态成本有多大？纯粹以 GDP 为国民经济核算体系的绩效考核方式实际上难以真实地反映出经济增长的速度和质量。究其根源，主要是由于经济活动对自然资源和环境的影响没有被纳入到国民经济核算体系中。另外，在计算 GDP 时，环境污染和生态破坏也会被算作经济增长的一部分，导致一些数据并不合理。比如，洪水会导致堤坝修建和工人收入增加，从而推动 GDP 增长。因此，在经济发展过程中，需要关注资源和环境等因素，调整传统的以 GDP 为核算标准的绩效评估方法，并建立适合可持续发展需要的绿色 GDP 绩效评估体系。这就需要实现三个转变：一是在环境保护和经济发展的关系上，需要逐步实现从"经济优先、环境次之"向"经济

与环境同步"转变；二是从"重经济增长、轻环境保护"向
"经济增长与环境保护并重"转变；三是采取包括行政手段、
政策法律手段、经济手段、技术手段等在内的多种手段综合
保护环境。

　　在工业化绿色转型过程中，中国采取了"有为政府＋有
效市场"的推动模式，让政府与市场"两只手"各取所长、
优势互补，成功实现了"三个转变"。一方面，我国在经济
发展评价体系和考核指标中加入了资源消耗、环境损失和
环境效益等内容，发布绿色发展指标体系和生态文明建设
考核目标体系，如 2019 年 9 月生态环境部印发《关于进一
步深化生态环境监管服务推动经济高质量发展的意见》，从
"放""管""服""治"等方面提出 20 项举措，对各地生态文
明建设的考核实现了量化；另一方面，随着绿色产业发展政
策的不断出台及资金投入的逐步加大，在市场机制的有效作
用下，我国绿色产业发展市场空间加速释放，绿色产业在国
民经济中的战略地位不断提升，从世界范围来看，我国环保
产业水平、技术水平与国际先进水平的差距在快速缩小，一
些"卡脖子"难题逐步攻克，技术创新活力释放，部分产品
和技术已达到国际先进水平，这为如何以"绿色 GDP"为衡
量标准促进工业化绿色转型提供了中国经验。

第二节　人与自然和谐共生现代化的
重大政治问题

一、生态环境是关系党的使命宗旨的重大政治问题

人与自然和谐共生的现代化是中国特色社会主义现代化建设的重要特征。生态文明建设不仅是治理环境、修复环境的问题，而且是关系党的使命宗旨的重大政治问题。党的十九大报告在阐述"坚持党对一切工作的领导"时指出，必须"统筹推进'五位一体'总体布局"。党的二十大报告进一步强调，全面建设社会主义现代化国家"关键在党"。在出台的生态文明建设的具体行动安排层面，如现代环境治理体系的基本原则、《中共中央、国务院关于深入打好污染防治攻坚战的意见》等，也都将坚持党的领导放在了首要位置。这主要是因为：生态文明建设任务多、周期长、难度大，是一个涉及效率的问题；同时牵涉面广泛、牵扯力量众多，又是一个涉及公平正义的问题。西方资本主义国家的生态文明建设

是在多党竞争、轮流执政的政党制度模式下进行的，难以高效推进生态文明建设的全方位展开，同时，又以资本增殖为发展宗旨，广大劳动者等弱势群体的生态权益遭到破坏，效率与公平正义欠缺。我国的生态文明建设在中国共产党的领导下展开，不仅能发挥集中力量办大事的优势，统揽全局、协调各方，在全心全意为人民服务的根本宗旨下，也让不同利益群体表达自身利益诉求，因而能够正确处理生态文明建设中的效率和公平正义问题。

第一，只有坚持和加强党的领导，才能确保在驾驭资本的过程中维护人民群众生态利益的坚定立场。西方资产阶级性质的政党自始至终都站在资本增殖的立场上，以牺牲生态环境为代价来确保资本增殖的"无限性"。资本增殖虽然能够在一定程度上促进生产力的发展，为创造物质财富提供条件，但是当它与人民的生态需要相冲突时，就需要一个使命型、先锋型政党承担主动驾驭资本，将其引向真正保护生态环境道路的责任。

第二，只有坚持和加强党的领导，才能确保生态文明建设的地位，保证生态文明建设的战略定力。党的十八大以来，我们加强党对生态文明建设的全面领导，把生态文明建设摆在全局工作的突出位置，作出一系列重大战略部署。在"五位一体"总体布局中，生态文明建设是其中一位；在新时代坚持和发展中国特色社会主义的基本方略中，坚持人与自然和谐共生是其中一条；在新发展理念中，绿色是其中一项；在三大攻坚战中，污染防治是其中一战；在到21世纪中叶建成社会主义现代化强国目标中，美丽中国是其中一个。这充分体现了我们对生态文明建设重要性的认识，明确了生态文明建设在党和国家事业发展全局中的重要地位。

在习近平新时代中国特色社会主义思想的"十个明确"中，排在第一位的是"明确中国特色社会主义最本质的特征是中国共产党领导，中国特色社会主义制度的最大优势是中国共产党领导"[①]，"党的领导"也是我国社会主义生态文明建设事业取得成功的优势和重要政治保障。进入新时代以来，我国启动了以生态问责为核心的新型政绩考核目标体系，以更加严厉的法治手段加快生态文明体制的改革。根据党内法规和国家法律法规，出台了《党政领导干部生态环境损害责任追究办法（试行）》，强化了地方党委和政府在环境治理中的职责，突出了环保工作在干部履职中的作用，促使党政领导干部努力提升领导生态文明建设的能力和水平。具体来看，社会主义生态文明建设坚持"党的领导"可以包括以下几个方面：

在"党的领导"的最高原则方面，坚持维护党中央权威和集中统一领导的政治规矩。各地区各部门要增强"四个意

---

① 中共中央关于党的百年奋斗重大成就和历史经验的决议［M］.北京：人民出版社，2021：24.

识"，坚决做到"两个维护"，按照党中央对生态文明建设的部署，坚定有力地完成各项改革任务，这有赖于各地区各部门从政治责任的高度认识生态文明建设及其所展开的生态环境治理的重要性，从而切实保证好党中央决策部署能够迅速有效地得到贯彻执行。

在"党的领导"的组织建设方面，建设一支生态环境保护铁军。落实党管干部、党管人才原则，打造一支政治强、本领高、作风硬、敢担当的生态环境保护铁军。"政治强"的高素质保障对于确保生态文明建设的正确方向至关重要。这意味着这支队伍要将严守政治纪律和政治规矩贯穿生态文明建设的全过程和各方面，并能辨别生态文明建设领域的各种错误思潮，同这些错误思潮展开斗争，在此基础上保证生态文明建设的高效执行力。

在"党的领导"的制度建设方面，落实党政主体责任制度和构建考核评价体系。明确地方党委和政府主要领导是本行政区域生态环境保护和治理的第一责任人，对本行政区域内的生态环境质量负总责；在涉及生态环境治理的重大决策流程上，建立好决策前的党委集体讨论制度，确保党对生态环境治理方向的政治把关；在有关生态环境治理的重大决策执行上，建立好考核评价制度，特别是对贯彻落实党中央决策部署不坚决不彻底并造成区域生态环境问题突出的责任人依法追责。

以党的建设推动生态文明建设，以党的领导统领生态文明建设，这是习近平生态文明思想的关键内容。在中国共产党的领导下，我国生态环境质量明显改善，走出了一条具有中国特色、适合中国发展的绿色低碳现代化之路。

二、人与自然和谐共生现代化的制度法治保障

制度法治也是人与自然和谐共生现代化的重大政治问题之一。制度优势始终内嵌于我国生态环境治理的全过程，是推进生态环境治理现代化的重要保证。将制度优势转化为治理效能，以"中国之制"推进"中国之治"，是实现社会主义现代化强国目标的主要路径。在涉及多层次多领域现代化的"中国之治"中，生态治理是一个直接关涉人们生存的极为重要的组成部分，直接影响到国家治理目标的实现，我们可以从制度设定、制度执行两方面去探讨。一方面，要以制度体系创新为基础，深入探索如何构建与保护和发展生态生产力相适应的科学化、系统化、规范化制度体系，以此来保障生态经济的高质量发展和生态经济治理的高效能；另一方面，要以制度执行为关键，深入探索如何构建系统的制度落实机制和完善的制度监督机制，以此来防止生态经济领域的"制度空转"。

习近平指出："推动绿色发展，建设生态文明，重在建章立制"①。维护生态平衡、保护自然环境、合理开发资源，必须加强法治建设，建立健全人与自然和谐相处的法律机制。改革开放以来，我国先后制定了《环境保护法》《水污染防治法》《土地管理法》《防沙治沙法》等多部环境资源保护法；国务院制定了近百部有关环境与资源保护的行政法规；地方人大和地方人民政府结合本地区的实际情况，制定了大量与法律法规相配套的地方性法规和规章；我国还缔结和参加了几十项国际条约、公约、协定，积极参与到国际生态环境制度的制定当中。中国特色社会主义进入新时代以后，我国更加注重将生态环境保护制度改革引向纵深，生态文明顶层设计和制度体系建设加快推进；制度改革深化同时也推动着法治建设不断完善，我国生态经济相关法律法规不断健全完善。2015 年新《环境保护法》施行，此后我国完成了《环境保护税法》《环境影响评价法》《海洋环境保护法》《环境保护税法实施条例》《建设项目环境保护管理条例》等法律法规的制定和修订，为环境保护提供了更加严密的法律保障。另外，我国还积极推进生态环境监测和环境保护督查及执法能力建设，相继印发了一系列文件，推进省以下生态环境机构监测监察执法垂直管理制度改革。在这一过程中，一大批长期难以解

① 中共中央文献研究室.习近平关于社会主义生态文明建设论述摘编［M］.北京：中央文献出版社，2017：110.

决的流域性、区域性突出环境问题得到解决。可以说，我国已经基本上形成了以《宪法》为核心，以《环境保护法》为基本法，以有关环境与资源保护的法律法规为主要内容的比较完备的环境与资源法律体系。

制度的生命力在于执行，严格的制度执行是制度优势转化为制度效能的关键环节。习近平强调："制度的生命力在执行，有了制度没有严格执行就会形成'破窗效应'。"①具体展开来看，国家生态治理现代化制度执行能力是一个国家运用各项制度有效治理各种生态问题的能力，是一个国家生态治理能力的集中体现。因此，在生态治理中重视制度执行，有利于将生态治理纳入制度化轨道，确保生态治理能力生成的规范性。另外，生态治理能力是静态的生态制度安排在具体生态治理实践中的动态体现，国家生态治理现代化制度执行能够促进生态治理能力的有效发挥。因此，在生态治理中重视生态制度执行，有益于明确不同主体生态治理权责，激发生态治理主体活力，确保生态治理能力生成的持续性。最后，从国家生态治理现代化制度执行绩效出发，能够为生态治理能力评估提供科学依据。

从实践效果来看，党的十八大以来，我国以前所未有的力度抓生态文明建设，全党全国推动绿色发展的自觉性和主

---

① 中共中央文献研究室.十八大以来重要文献选编：上［M］.北京：中央文献出版社，2014：720.

动性显著增强，美丽中国建设迈出重大步伐，我国生态环境
保护发生历史性、转折性、全局性变化。尤其是 2015 年以
来，《生态文明体制改革总体方案》所提出的建立国土空间开
发保护制度等 8 个方面制度和 47 项具体改革任务已经逐步落
实，构建起了源头预防、过程严管和后果严惩的国家生态治
理现代化制度执行体制机制。也正是由于国家生态治理现代
化制度体系的强有力执行，我国在生态文明话语权上，实现
了由照着讲到接着讲再到领着讲的历史性提升；在生态治理
理念上，实现了由模仿跟随到借鉴吸收再到创新引领的历史
性飞跃；在生态治理体系上，实现了由粗放分散到严密规范
再到系统完善的历史性变革；在环境污染治理上，实现了由
末端治理到全程控制，污染物排放由增量减缓到持续下降的
历史性转变；在生态环境质量上，实现了由总体恶化到局部
改善再到总体改善的历史性转变。另外，中国国家生态治理
现代化制度执行在国际舞台上开始有超越自身范围的更大价
值，结合全球气候问题，将实现"碳达峰"和"碳中和"的
时间表与路线图纳入生态治理现代化制度体系，并据此列出
了有计划、分阶段地稳步实现"碳达峰"和"碳中和"目标
的具体路线图，这也为全球生态环境的改善提供了中国方案、
凝聚了信心与力量。

　　党的十九届六中全会通过的《中共中央关于党的百年
奋斗重大成就和历史经验的决议》指出："党的十八大以

来，……中国特色社会主义制度更加成熟更加定型，国家治理体系和治理能力现代化水平不断提高。"[①]将生态文明制度的生命力、执行力、凝聚力和引导力与生态治理的制度化、规范化、标准化和法治化有机结合，有利于以"中国之制"优势的强有力发挥，推动形成更高质量"中国之治"的发展格局。

三、生态安全是人与自然和谐共生现代化的底线基础

国家生态安全是指一国具有支撑国家生存发展的较为完整、不受威胁的生态系统，以及应对内外重大生态问题的能力。生态环境安全是国家安全重要的基础性组成部分，是经济社会持续健康发展的重要保障，是关乎人与自然和谐共生现代化的重大政治问题。一方面，当今世界正经历百年未有之大变局，全球气候变化和经济发展交织叠加的各种风险加剧，不稳定性和不确定性因素愈加突出，人类赖以生存的家园和人类社会都面临不可预知的风险挑战。生态安全事关区域和全球治理体系的完善与长期稳定繁荣，成为一个关乎人

---

① 中共中央关于党的百年奋斗重大成就和历史经验的决议［M］.北京：人民出版社，2021：38-39.

类命运的全球性问题。另一方面，我国仍处于工业化、城镇
化快速发展时期，布局性、结构性环境风险问题短时期内难
以得到根本解决，各种人为活动和自然灾害带来的环境风险
形势严峻。

因此，生态安全问题至关重要。2014 年 4 月，习近平在
中央国家安全委员会第一次全体会议上首次明确提出"总体
国家安全观"，生态安全正式成为国家安全的重要组成部分。
2015 年 10 月召开的党的十八届五中全会进一步明确提出构
建科学合理的生态安全格局。在明确生态安全地位的基础上，
还需要进一步了解生态安全体系的具体内容。总体上看，生
态安全体系由国土空间规划体制和生态补偿制度、预警监测
机制等组成，这也是党和国家着手生态安全进行战略部署的
重要着眼点。党的十八大以来，习近平多次强调优化国土空
间开发格局，加快实施主体功能区战略，关键在通过国土空
间规划体制，在重要生态功能区、生态环境敏感脆弱区划定
并严守生态红线，优化国土空间开发保护格局，筑牢生态安
全屏障。当前国家公园体制，如三江源国家公园、大熊猫国
家公园、祁连山国家公园以及被誉为"北纬31°的绿色奇迹"
的神农架国家公园等，就是主体功能区建设的典型模式，这
些公园对提升当地生态系统质量和稳定性、筑牢生态安全屏
障有重要意义。生态补偿制度则主要是指建立反映市场供求
和资源稀缺程度、体现生态价值和代际补偿的资源有偿使用

制度，以地方补偿为主，中央财政补贴支持。以生态环境建设者为例，典型的如退耕还林还草工程实施范围内，受到禁牧、休牧和划区轮放政策影响，政府就会给予农牧民粮食和饲料补助。预警监测机制则主要是以现代生态环保技术为支持，建立覆盖大气、水、土、噪声等要素的生态环境质量监测网络系统，对相关生态环境风险进行预警。

另外，生态安全屏障也是习近平生态文明思想中多次提及的重要概念，它是在坚守生态保护红线、环境质量底线、资源利用上线的实践基础上所形成的生态安全观的核心范畴。党的十八大以来，以习近平同志为核心的党中央把生态安全屏障作为国家生态文明建设的重要任务，为新的历史时期继续推进生态文明建设指明了方向。2015年《中共中央关于制定国民经济和社会发展第十三个五年规划的建议》将"筑牢生态安全屏障"作为"坚持绿色发展，着力改善生态环境"的六大具体要求之一，"生态安全"的重要性和紧迫性被提到了前所未有的战略高度。党的十九大将"优化生态安全屏障体系"与生态系统修复、生态红线划定相结合，强调生态安全屏障构建的目的在于"提升生态系统质量和稳定性"，明确生态安全屏障在生态安全维护和整个生态系统保护中的重要地位和构建目标。"十四五"规划进一步强调，要统筹发展和安全，持续改善生态环境，进一步筑牢生态安全屏障。

　　从具体实践来看，我国以划定并严守"三线"为基础，对筑牢生态安全屏障作出了总体规划。在生态保护红线方面，在例如水土流失、土地沙化、石漠化、盐渍化等生态环境敏感脆弱区域建立严格的管控体系，实现一条红线管控重要空间并确保生态功能在线；在环境质量底线方面，将生态环境质量只能更好、不能变坏作为底线；在资源利用上线方面，主要强调开发利用时不要突破自然资源承载能力。这"三线"从不同角度着手，总体上规定和限制了以经济活动为主的人类活动在不同的生态环境中、利用不同的自然资源时的范围与限度，有利于维护自然生态平衡、推动可持续发展，有利于扭转生态恶化与生态危机的境况与态势，为生态治理整体目标的实现提供底线基础。这"三线"严格地区分并划定了生态空间、生活空间和生产空间的物理边界，明确了不同空间内自然资源质量效率管控要求，奠定了生态安全的结构基础。其中，作为保障和维护国家生态安全的底线和生命线，生态保护红线直接关系生态治理目标的实现和生态安全维护。划定并严守生态保护红线，不仅是贯彻落实主体功能区制度、实施生态空间用途管制的重要举措，还是提高生态产品供给能力和生态系统服务功能、构建国家生态安全格局的有效手段，更是健全生态文明制度体系、推动绿色发展的有力保障。

第三节　人与自然和谐共生现代化的
重大社会问题

一、良好生态环境是最普惠的民生福祉

建设生态文明，根本目的是提升人的文明程度和民生福祉，实现人与自然和谐共生和人的自由全面发展。将生态环境与民生福祉紧密联系在一起，是中国共产党对马克思主义生态观的继承与创新。习近平明确指出，"良好生态环境是最普惠的民生福祉"[①]。

环境就是民生，是人民幸福生活的重要内容。习近平多次指出："环境就是民生，青山就是美丽，蓝天也是幸福。发展经济是为了民生，保护生态环境同样也是为了民生。"[②]人们追求的美好生活，不仅是物质丰裕、精神充实，还是环境优美、绿色富饶。作为美好生活的鲜亮底色，绿色的生态环境，既能够为人类生产生活提供所需的资源，又是人类精神抱负

---

① 习近平.习近平谈治国理政：第3卷［M］.北京：外文出版社，2020：362.
② 同①.

的摇篮，带给人们物质生活和精神生活两方面的生态安全感。随着生态环境在群众生活幸福指数中的地位不断凸显，环境问题往往最容易引起群众不满。如果经济发展了，但生态破坏了、环境恶化了，那样的现代化不是人民所希望的。解决好人民群众反映强烈的突出环境问题，既是改善环境民生的迫切需要，也是加强生态文明建设的当务之急，必须积极回应人民群众所想、所盼、所急，大力推进生态文明建设，补齐民生短板。

当前我国生态文明建设正处于压力叠加、负重前行的关键期，已进入提供更多优质生态产品以满足人民日益增长的优美生态环境需要的攻坚期，也到了有条件有能力解决生态环境突出问题的窗口期。在改善与发展民生、维护社会公平正义的历史征程中，一方面，"生态环境特别是大气、水、土壤污染严重，已成为全面建成小康社会的突出短板"[①]；另一方面，我国贫困人口大多集中在自然条件差、经济基础弱、贫困程度深的地区，忽略对自然的修复与保护而进行大规模开发的效果显然是短期的。因此，中国共产党将包括期盼"更优美的环境"在内的"人民对美好生活的向往"作为奋斗目标，提出了生态扶贫的中国特色扶贫道路。自改革开放以来，我国贫困地区开始广泛开展生态扶贫实践，促进了民生不断

---

① 中共中央文献研究室.习近平关于社会主义生态文明建设论述摘编［M］.北京：中央文献出版社，2017：9.

改善。我国不仅提出了将扶贫开发与生态保护相结合的生态扶贫理念，同时也在国家层面编制了扶贫开发规划，即《国家八七扶贫攻坚计划》《中国农村扶贫开发纲要（2001—2010年）》《中国农村扶贫开发纲要（2011—2020年）》，其中《中国农村扶贫开发纲要（2001—2010年）》，对包括生态农业、生态移民、生态补偿、生态建设等路径的制度体系作出明确规划。进入新时代以后，为兼顾实现生态保护和缓解贫困的双重目标，2015年，习近平在中央扶贫开发工作会议上的讲话中明确指出要实施"五个一批"工程，其中"生态补偿脱贫一批"标志着生态扶贫作为精准扶贫五大手段之一的重要性更加凸显。我国把生态文明建设和打赢脱贫攻坚战结合起来，充分发挥地区资源优势和政策优势，走出一条"脱贫增收"和"环境保护"双赢的生态扶贫路径。

从实践效果来看，中国坚持扶贫开发与生态保护并重，产生了良好的生态和经济效应，累计直接带动2 600万人增收脱贫，率先在全世界范围内实现了土地退化"零增长"，荒漠化土地和沙化土地面积"双减少"，实现了扶贫开发与生态保护相协调、脱贫致富与可持续发展相促进，取得了生态保护和扶贫脱贫"一个战场、两场战役"的胜利，也为世界生态贫困治理积累了中国经验。第一，在扶贫方式上，根据贫困地区的生态环境特点，因地制宜，精准施策，开展生态移民、生态建设工程、生态产业发展、生态资产收益扶贫等多种生态扶贫模式。第二，建立生态扶贫的一系列长效机制，如在资金投入上，建立国家财政投入为主、带动社会资本参与的多元资金投入机制；在生态补偿上，建立包括转移支付、横向生态保护补偿等市场化、多元化的生态补偿机制；在利益机制上，通过入股分红、订单帮扶、合作经营、劳动就业等多种形式建立贫困人口的激励与利益联结机制；在资产收入上，通过农村集体资产"三变"改革，建立生态资产收益扶贫长效机制。

实际上，一方面，生态环境的可承载量是实施脱贫攻坚战略的前提条件，也是避免造成农村生态环境二次破坏的关键；另一方面，生态扶贫在实施过程中能够将生态保护、扶贫开发等结合起来，使得生态扶贫的短期措施与生态振兴的长远规划能够有效结合。随着乡村生态环境的改善，乡村社会必然会表现出巨大的经济发展潜力。通过合理利用农村农业生态资源来实现贫困人口脱贫，在脱贫的同时也达到了农村生态修复的目的，进而就能够逐步实现乡村振兴。农村生态环境的改善不仅能够实现农业经济的振兴，还能够以优美的生态环境来吸引投资和留住人才，实现城乡地区生产要素的双向流动，为农村人才、产业等协调发展提供支持。

二、生态文化是生态文明体系的精神灵魂

习近平指出:"抓生态文明建设,既要靠物质,也要靠精神。"[1]中华民族向来尊重自然、热爱自然,绵延五千年的中华文明孕育着丰富的生态文化。进入新时代以来,我国更加注重生态文化的重要地位,强调现实生态环境问题的存在,"究其深层原因是我们还缺乏深厚的生态文化"[2]。生态文明反映的是全社会处理人与自然和谐共生关系的物质和精神成果的总和,生态文化是生态文明体系的重要组成部分。生态文化的核心是一种行为准则、价值理念,主要是指人们处理人与自然之间关系以及与之相关的其他关系领域的思想观念、价值判断、科学认识、知识体系等一切精神方面成果的总和。广大人民群众是生态文化实践的认同主体和践行主体,是培育、弘扬生态文化的主要面向对象。

从这一点出发,我们可以就如何引领生态文明社会新风尚展开讨论。植树节、世界水日、世界环境日等宣传主题活动是重要载体,通过动员全民参与生态文明创建活动,可

---

① 中共中央宣传部,中华人民共和国生态环境部.习近平生态文明思想学习纲要 [M].北京:学习出版社,人民出版社,2022:93.

② 习近平.之江新语 [M].杭州:浙江人民出版社,2007:48.

以让人民群众能够在积极参与中感知生态文明理念，形成强大的生态文明凝聚力。我国人口众多，要想实现人人都具备生态保护意识，需要开展环境资源国情宣传，节能环保、绿色生活知识普及宣传，使生态文明建设的知识和方法融入大众的生产生活实践，强化人们对人类可持续发展的历史责任感。在这一过程中，有时候外界影响会成为正面的激励，让我们实现自己重视的目标。因此，可以围绕绿色生产生活方式，制定相关的引导激励措施，把人民群众对清新空气、清澈水质、安全食品、优美环境、美丽家园的需求愿望转化为人人创造美好生活的行动自觉。另外，人们的成长分为一系列阶段，其中童年时期是最易接受新习惯、新文化的关键时期。因此，培育和践行社会主义生态文明观要从幼儿抓起，从学校抓起，将其纳入国民教育体系，形成学校、家庭、社会三结合的育人体系，推进中国特色社会主义生态文明理论入脑入心。

　　当前，社会主义核心价值体系已成为中国特色社会主义文化自信的重要支柱，正在转化为中华民族永续发展中最基本、最深沉、最持久的精神力量，因此将生态文明与社会主义核心价值观结合是培养生态文化的重要方案。习近平指出："积极培育生态文化、生态道德，使生态文明成为社会主流价值观，成为社会主义核心价值观的重要内容。"①一方面，可

---

① 中共中央文献研究室.十八大以来重要文献选编：中［M］.北京：中央文献出版社，2016：500.

以以生态文明学习教育促进生态文明理论自觉，通过加强生态文明理论的学习宣传教育，使人们能够自觉运用马克思主义的立场、观点和方法，达成坚持用马克思主义科学"解释世界"、积极"改变世界"和指导生态文明建设的理论自觉。另一方面，每一个国家和民族都有自己的历史文化传统，中华优秀传统文化是文化自信的基础。"天人合一""道法自然""众生平等"，无不体现着对生态的尊重。因此，需要进一步挖掘我国优秀生态文化资源，丰富和发展生态文化的时代特色、时代内涵和实践形式，并在这一过程中把生态文化建设纳入培育和践行社会主义核心价值观的系统工程，实现中华优秀传统生态文化的创造性转化。

另外，争取形成全社会范围内的生态文化。首先，在研究阐释生态文化核心要义、凝练确立生态文化话语基本内容、加强生态文化实践顶层设计、组织制定生态文化具体政策中，充分发挥党和政府倡导推行生态文化话语的导向作用。党员和各级领导干部要做马克思主义自然观、生态观的忠诚信仰者和实践者，做中华优秀传统生态文化的自觉传承者和弘扬者。其次，广大理论工作者和教育工作者要科学、完整、全面地研究生态文化，积极建言献策，发挥智囊团和思想库作用；广大人民群众要形成绿色低碳的生产生活方式，营造人人、事事、处处、时时崇尚生态文明的社会新风尚。切实将生态文化这一行为准则和价值理念贯穿于社会生产生活的方方面面，让生态文化成为全社会的共同价值理念。

三、多元协同治理是解决生态环境问题的创新模式

绿色发展关乎全社会的福祉，涉及社会主体众多。其中市场、政府和社会组织三者之间是优势互补、良性互动的关系，多元协同治理是解决生态环境问题的创新模式。我国的环境治理模式历经"政府单一管制"与"政府监管辅以公众参与"两个阶段，目前正走向"政府、企业、公众共治"的新阶段。在这个新阶段，政府是经济发展与环境保护的协调者和主要实施者。企业作为经济活动的微观主体，也是实现绿色发展的微观基础。公众一方面作为消费者，其消费行为会影响企业的生产和经营模式；另一方面作为环境问题的承受者，其环境监督和参与行动会直接起到保护环境的作用。

实际上，自改革开放以来，我国环保领域的公众参与意识就逐渐增强了，越来越多的公众参与到环境管理实践中。进入新时代以后，我国越来越重视多元主体参与生态环境治理的有序性。2015年新《环境保护法》的施行，对强化企业的违法责任追究和政府的监管责任作出了相关规定，同时增设一章，专门明确了"信息公开和公众参与"，这是首次把公

众参与作为基本原则予以表述，突出公众在环境保护工作中的作用。党的十九大报告提出"构建政府为主导、企业为主体、社会组织和公众共同参与的环境治理体系"，为我国生态环境治理体系和治理能力现代化指明了前进方向。2020 年 3 月，中共中央办公厅、国务院办公厅印发《关于构建现代环境治理体系的指导意见》，对党委领导、政府主导，及企业、社会组织和公众各主体共同参与提出了指导意见，为推进生态环境治理体系和治理能力现代化提供了行动指南和根本遵循。党的二十大报告强调要"健全现代环境治理体系"，进一步为推动形成生态环境保护合力奠定了坚实保障。

政府、企业、公众在促进生态文明建设中发挥着不同的作用。生态文明建设的多元共治是一种综合各方利益诉求、实现生态环境治理效益最大化的过程。在这个过程中，政府、企业、公众以及各类社会组织等环境治理主体共同参与，发挥各自的优势，预防和化解环境问题所引发的社会矛盾，以实现人与自然的和谐共生。

生态文明建设中最重要的问题在于如何实现环境利益最大限度的普惠和共享，构建利益共同体。治理环境问题需要政府、企业和社会公众三方共同参与，各方需要在政策、法律、市场机制等方面协同推进环境治理。政府需要制定和执行环境法律法规，建立完善的环境管理体系；企业需要承担环境责任，实行环境友好型经营，推动环保技术创新；社会公众则需要提高环保意识，积极参与环保行动。只有三方协作，形成合力，才能实现环境治理的有效性和可持续性。具体展开来说，可以从以下方面入手：

第一，强化地方政府环保责任。例如：在议程设置协同方面，将生态文明建设中存在的问题尽快转为政府的正式议题，对于紧急议题优先处理，对于所有议题要持续关注，努力降低环境群体性事件爆发的可能性；在目标规划协同方面，考虑不同主体的利益诉求，把保障生态公共利益作为底线，并且将生态文明建设目标与经济建设、政治建设、文化建设、社会建设方面的目标协同考量，避免冲突，此外不同时期生态文明建设的目标也要保持区别性和连续性的统一；在方案决策协同方面，方案决策要与目标规划保持一致性，使科学化、民主化相统一，科学化是生态文明建设推进的基础，民主化则是生态文明建设推进的条件；在绩效评估协同方面，建立全方位绩效评估体系，使评估结果更加全面、可信，同时做到过程评估和结果评估相结合，双管齐下提高生态文明建设的效率与效果。

第二，健全企业的环境约束与激励政策。我们知道，如果完全依赖行政手段迫使企业做出一定的环保行为，虽然在短时间内能够取得一定成效，但其约束行为难以持续，更难说有有效的调节功能。例如，排污费的征缴往往远低于污染治理设施的正常运行成本，无法将外部性难题真正有效内化为企业生产成本。因此,需要从更为长远的视角入手,比如调整经济结构、能源结构,使企业选择环保技术手段;或者完善市场机制运作,构建起环境损害成本合理负担机制;或者落地对可再生能源企业扶持政策,以及持续性地加大扶持力度;再或者加快推进排污权交易试点,探索环境污染第三方治理,发展由第三方治理所延伸的环保产业链条,给予企业更多自主性。

第三,提高环境信息透明度。我们只有在了解信息的情况下才能更好地参与其中。随着国家治理体系和治理能力现代化的不断推进,政府与公民共同治理公共生活已经成为改革的方向。这种合作管理体现在多个方面:一是政府积极向社会公开环境信息;二是推进项目环评信息全过程公开,让公众充分参与;三是对敏感、突发事件及时发声,积极引导公众;四是建立鼓励公众舆论监督和社会监督的常态化渠道,提高公众环保综合能力,培训其有效参与能力;五是充实社会环保组织的行动资源,提高其活动效能。这些措施构成了政府与公民共同治理环境问题的重要内容。

第三章

人与自然和谐共生现代化的发展理念

习近平在党的二十大报告中指出："尊重自然、顺应自然、保护自然，是全面建设社会主义现代化国家的内在要求。"中国式现代化是中国共产党和中国人民长期实践探索的成果，是一项伟大而艰巨的事业。伟大的事业，必须有伟大的理论来指导；领导伟大事业的党，必须有伟大理论的武装。建设人与自然和谐共生的中国式现代化，必须坚持人与自然和谐共生现代化的发展理念，正确认识人与自然的关系，树立正确的生态观和发展观。

第一节　生态本身就是价值

一、生态为人类提供生存价值

人与自然既不是依附性关系，也不是对抗性关系，而是和谐共生的生命共同体。正确认识人与自然的关系首先要把握好生态在人类生产生活中的定位。生态环境是人类生存之本、发展之源，具有巨大的生存价值、经济价值、社会价值。

自然界是一个进化的生态系统，创造了数万物种，滋养着无数的生命，它是包括人类在内的万物之母，是人类创造物质财富和精神财富之源。自然界为人类劳动提供物质前提，没有自然界，劳动就无法存在，就无法创造价值。经济学家威廉·配第指出，"劳动是财富之父，土地是财富之母"，自然界始终是物质财富的源泉，与劳动相结合才能创造价值。马克思进一步分析道："劳动**不是**一切财富的**源泉。自然界**同劳动一样也是使用价值（而物质财富就是由使用价值构成的！）的源泉，劳动本身不过是一种自然力即人的劳动力的表现。"① 任何劳动都有物质前提，只有具备了劳动对象、劳动资料和劳动者三个要素之后，劳动才得以进行。而这三者起初都是从自然中产生、由自然提供的。自然生产力作为一种自然力量或生态力量，是由自然界物质生产过程创造的自然生态系统本身的力量，是"被储存的成就"，如地力、水力、风力等，也是自然界给予人类的生产力，是自然对人的有用性。自然界能提供人和其他生物生存与发展的资源，如植物、动物、土地、江河、矿藏、瀑布、森林、鱼类等自然资源和自然条件，满足人和其他生物生存与发展的需要，支撑人和其他生物的生命，实现人和其他生物的利益，对人类自身生存和发展的需要起至关重要的作用。并且，人是自然界的一部分，人类不仅在肉体上依靠食物、燃料等自然产品才能生存，而且在诸如自然科学或文学艺术等精神活动中依赖于自然界，人类的精神生活归根结底是以自然界为对象的探索和创造过程。不管是物质财富还是精神力量，自然界是"人的**无机的身体**"，是"人为了不致死亡而必须与之处于持续不断的交互作用过程的、人的**身体**"②，为人类提供生存价值。

正如马克思在《1844年经济学哲学手稿》中所指出的，生态、环境、衣食住行等是人们最基本的生活需要，城市生

---

① 马克思，恩格斯.马克思恩格斯文集：第3卷［M］.北京：人民出版社，2009：428.
② 马克思，恩格斯.马克思恩格斯文集：第1卷［M］.北京：人民出版社，2009：161.

态环境的污染破坏会严重影响工人生产生活，"对于工人来说，甚至对新鲜空气的需要也不再成其为需要了。人又退回到洞穴中居住，不过这洞穴现在已被文明的污浊毒气所污染，……光、空气等等，甚至**动物**的最简单的爱清洁习性，都不再是人的需要了。**肮脏**，人的这种堕落、腐化，文明的**阴沟**（就这个词的本义而言），成了工人的**生活要素**"①。恩格斯的《英国工人阶级状况》一书中描绘了这样一种生存图景：在伦敦、曼彻斯特等这样一些工业化较发达的大城市遭受工业污染以后，天空中黑烟萦绕，河里到处是漂浮的垃圾，居住在附近的工人，生产生活环境乌烟瘴气、糟糕至极，生活的"毒素"摧残着他们的肉体和灵魂。"伦敦的空气永远不会像乡村地区那样清新，那样富含氧气。……居民的肺得不到足够的氧气，结果肢体疲劳，精神委靡，生命力减退。……大城市工人区的垃圾和死水洼对公共卫生造成最恶劣的后果，……一切可以保持清洁的手段都被剥夺了"②。恶劣生态环境使人们不可避免地患上各种疾病，甚至"过早死""非正常死亡"。因此，良好生态环境是提高人们生活水平、改善人们生活质量的基础，如果没有良好生态环境，生活所必需的食物、水、燃料等将无以获取，人们所需要的健康环境也就无以获得。

---

① 马克思，恩格斯. 马克思恩格斯文集：第 1 卷［M］.北京：人民出版社，2009：225.
② 同①409-410.

二、生态是提高人类生活质量的基础

良好生态环境是最公平的公共产品，如果能实现经济社会发展与资源环境相协调，那么就会使绿水青山产生巨大生态效益、经济效益、社会效益。就我国发展的情况来看，随着经济社会的发展、人民生活水平的提高以及社会主要矛盾的转化，生态环境在群众生活幸福指数中的地位不断凸显，环境问题日益成为重要的民生问题，从"盼温饱"到"盼环保"，从"求生存"到"求生态"，人民群众对清新空气、清澈水质、清洁环境等生态产品的需求越来越迫切，对生态环境质量的改善要求越来越高。我们党始终坚持全心全意为人民服务的根本宗旨和以人民为中心的发展思想，致力于提供更多优质生态产品，满足人民日益增长的优美生态环境需要，让人民过上高品质生活。

从我国的实践效果来看，党的十八大以来，党中央牢牢把握"生态本身就是价值"的重要理念，统筹兼顾，综合治理，推动生态文明建设发生了历史性、转折性、全局性变化。在党中央的领导下，各地区各部门把污染防治攻坚战作为生态文明建设重大战略任务，以前所未有的决心和力度加强污染治理，坚决打好蓝天、碧水、净土保卫战，让中华大地天更蓝、山更绿、水更清、环境更优美。2021年，全国地级及以上城市 PM2.5 平均浓度比 2015 年下降 34.8%，空气质量优良天数比率达到 87.5%，实现固体废物"零进口"目标[①]，生态环境质量改善取得显著成效，人民群众获得感幸福感安全感明显增强。党中央着力推进国土绿化，2021 年全国城市建成区绿地面积达到 230 余万公顷，较 2012 年前增加近 50%，建成城市公园约 1.8 万个，百姓身边的社区公园、口袋公园、小微绿地数量不断增加[②]。集中开展城市黑臭水体整治环境保护专项行动，295 个地级及以上城市（不含州、盟）建成区黑臭水体基本消除，城市水生态环境得到明显改善。全面推进农村人居环境整治行动，2020 年底全国农村卫生厕所普及率达到 68%，农村生活垃圾进行收运处理的自然村比例超过 90%，95% 以上的村庄开展了清洁行动，农村从普遍脏乱差转变为基本干净整洁有序[③]。城乡人居环境明显改善，卫生状况和全民健康水平得到提高，人民群众生活品质显著提高，真正做到了以高水平环境保护推动高质量发展、创造高品质生活，美丽中国建设正在不断变为现实。党中央着眼党和国家发展大局和中华民族永续发展，持续巩固生态环境安全防

① 党的二十大新闻中心举行第五场记者招待会 介绍建设人与自然和谐共生的美丽中国有关情况［EB/OL］.（2022-10-22）. http://www.news.cn/politics/cpc20/2022-10/22/c_1129074521.htm.

② 住建部：全国城市建成区绿地面积达 230 余万公顷 较 2012 年前增加近 50%［EB/OL］.（2021-06-07）. http://finance.people.com.cn/n1/2021/0607/c1004-32124506.html.

③ 截至去年底全国农村卫生厕所普及率近七成：全面提升农村人居环境质量［EB/OL］.（2021-12-07）. http://www.gov.cn/xinwen/2021-12/07/content_5658025.htm.

线，高度关注江河安全，呼吁保护三江源、保护"中华水塔"，提出"让黄河成为造福人民的幸福河"，强调"努力建设黄河流域生态保护和高质量发展先行区"，积极推进大江大河保护治理。生态环境建设取得的重大成就给人民、给社会、给国家带来了巨大的生态效益、经济效益和社会效益，推动人与自然和谐共生的现代化取得新突破、迈上新台阶、开创新境界。

三、人不负青山，青山定不负人

习近平强调，绿水青山既是自然财富、生态财富，又是社会财富、经济财富。保护生态环境就是保护生产力，改善生态环境就是发展生产力。一方面，绿水青山就是金山银山，良好生态环境本身也蕴含着无穷的经济价值。自 2005 年时任浙江省委书记的习近平在考察余村时提出"绿水青山就是金山银山"的重要论断后，余村通过关闭采矿场和水泥厂、采取乡村旅游和生态旅游等绿色发展方式，重建当地的生态系统，彻底改变了"用绿水青山换取金山银山"的生活方式，成为浙江省农村全面发展小康社会的典范。内蒙古林业工人从拿锯斧到扛锹镐，实现了由"砍树人"到"护林人"的转变，当地森林与湿地生态系统服务功能总价值高达 6 159.74

亿元①。还有河北塞罕坝林场创造荒原变林海、青山变金山的人间奇迹，云南哈尼梯田实现保护生态和发展旅游相得益彰，都彰显了绿水青山就是金山银山的科学性。另一方面，不只良好生态环境具有经济价值，穷山恶水也能变成金山银山，恶劣生态环境也蕴含着经济潜力。随着生态文明建设的深入，"绿水青山就是金山银山"的外延得到了进一步扩展。所有生态资源本质上都是金山银山，关键要通过生态整治，将生态环境劣势转化为生态经济优势。2016 年，习近平参加十二届全国人大四次会议黑龙江代表团审议时指出："绿水青山是金山银山，黑龙江的冰天雪地也是金山银山。"② 冰天雪地虽然是区域生态环境劣势，但将这种劣势进行充分利用也可以转化为优势。2017 年 1 月 23 日，习近平在考察冬奥会筹办情况时提出，要利用冰天雪地的优势，大力发展冰雪运动产业。2018 年 9 月 28 日，习近平就东北振兴问题指出，要充分利用东北独特资源和优势，加快推进寒地冰雪经济的发展。实践证明，生态本身就是经济，保护生态就是发展生产力，经济发展不能以破坏生态为代价。必须处理好绿水青山和金山银山的关系，绿水青山是发展金山银山的先决条件，通过

---

① "总书记为我们算出了生态账"［EB/OL］.（2023-03-03）. http://www.news.cn/mrdx/2023-03/03/c_1310701344.htm.
② 习近平参加黑龙江代表团审议：全面振兴决心不能动摇［EB/OL］.（2016-03-07）. http://www.xinhuanet.com/politics/2016lh/2016-03/07/c_1118255027.htm.

人民群众的智慧和实践，绿水青山中的生态潜力转化为建设金山银山的经济潜力，良好生态环境成为经济社会持续健康发展的支撑点。只要能够把生态优势转化成经济优势，绿水青山就实现了向金山银山的转变，也就拥有了可以永久带来财富的摇钱树。如果不善待生态环境，未来即使付出更多的"金山银山"也难以买回"绿水青山"。正如习近平所强调的，发展经济不能对资源和生态环境竭泽而渔，生态环境保护也不是舍弃经济发展而缘木求鱼，要坚持在发展中保护，在保护中发展。

第二节　坚持人口经济与资源环境相均衡

一、坚持人口经济与资源环境相均衡是以生态承载力为限度的均衡

和谐意味着协调、均衡、有序的发展状态，人与自然和谐共生意味着人与自然协调均衡、共生共荣。但在几十年的发展进程中，我国地区间人与自然发展不平衡的状况越来越明显："胡焕庸线"（自黑龙江之黑河向西南直到云南之腾冲的人口分布线）东南方 43% 的国土，居住着全国 94% 左右的

人口，以平原、水网、低山丘陵和喀斯特地貌为主，生态环境压力巨大；该线西北方57%的国土，供养大约全国6%的人口，以草原、戈壁沙漠、绿洲和雪域高原为主，生态系统非常脆弱①。因此，保证人口经济与资源环境相均衡，促进创造舒适的人居环境，缓解人口分布与资源环境所带来的社会问题和矛盾，从而为国家的长期繁荣奠定良好的资源环境基础，推进人与自然和谐共生的现代化建设，是当前我国经济社会可持续发展所面临的重要问题。

古语云：天育物有时，地生财有限。中国古代先贤们就认识到对自然资源要取之以时、取之有度，在《春秋繁露》《诗经》《黄帝内经》等中国典籍中，生态思想随处可见。《论语·述而》中有："子钓而不纲，弋不射宿。"《荀子·王制》中云："草木荣华滋硕之时，则斧斤不入山林，不夭其生，不绝其长也；鼋鼍鱼鳖鳅鳝孕别之时，罔罟毒药不入泽，不夭其生，不绝其长也。"《齐民要术》中说："顺天时，量地利，则用力少而成功多。"不同于西方历史的发展轨迹，中国古代社会是农耕社会，农业生态环境的好坏与庄稼收成的丰歉关系着历代王朝的兴衰与百姓子民的生计。因此，保护农业生态环境是历代大事。虽未形成生态概念，也没有系统的生态论著，但人口经济与资源环境的关系论述仍大量散见于儒、

---

① 中共中央宣传部，中华人民共和国生态环境部. 习近平生态文明思想学习纲要［M］. 北京：学习出版社，人民出版社，2022：13-14.

道、法等各家各派著作中，强调发展要以生态承载力为限度。具体来看，生态环境没有替代品，用之不觉，失之难存。若人类活动在生态环境的承载限度内，就能给自然生态留下休养生息的时间和空间，从而促进人与自然和谐共处；反之，若人类活动超过了生态承载力，就会造成难以挽回的生态破坏。因此，中国式现代化强调以生态承载力为限度的均衡，通过把握人口发展重大趋势性变化，不仅了解人口发展的有利因素，而且积极有效应对人口老龄化等风险挑战，合理开采和有效利用资源、节约资源，减少和治理污染，保护环境，努力实现人口经济与资源环境相均衡。

二、坚持人口经济与资源环境相均衡是内部各系统要素之间的均衡

"山水林田湖+"是一个生命共同体，而人类构筑的社会经济系统作为自然的一部分，实际上也与生态环境系统成为相容则生、相斥则灭、不可分离的统一体。一方面，生态环境系统中现有资源物质变换的能力和环境的状况，是以往社会经济系统发展的结果，环境总是同一定的经济发展水平和社会发展水平联系在一起；另一方面，经济增长方式和社会发展方式的调整、经济和社会结构等的调整，也会改变资源

变换的方式和环境质量。因而只有将两大系统的四个子系统人口、经济、资源、环境看作相互作用、相互依赖的整体，将整个系统效益最大化看作最终目标，把握人口、经济、资源、环境的平衡点，使各个子系统及内部诸要素之间均衡协调发展，才能保证社会经济系统和生态环境系统的良性互动，从而维持整个统一体的和谐平稳运行。如果统一体内部各系统要素之间失衡，也会相应地表现为一种综合性的"生态病"。这种综合性的"生态病"病源复杂，包括不合理的经济结构、传统的生产方式、过载的人口规模、不良的生活习惯等，其表现形式也多种多样，既有环境污染带来的"外伤"，又有生态系统被破坏造成的"神经性症状"，还有资源过度开发带来的"体力透支"。因此，治疗诸多问题叠加的"生态病"，需要系统性的解决措施，要注重综合治理、系统治理，统筹兼顾、整体施策、多措并举，全方位、全地域、全过程开展生态文明建设，共建地球生命共同体。

同时，加强源头预防、事后治理，也是推动生态系统内部各要素平衡的重要方法。西方发达国家无一不是在经济发展造成了工业污染之后，才开始艰难的环境治理历程。在工业化初期，发达国家往往在创造巨大物质财富的同时，对自然资源肆意掠夺、对生态环境恶性破坏，打破了地球生态系统原有的循环和平衡，造成人与自然关系紧张状态。20世纪30年代到50年代，一些发达国家相继发生多起生态灾难和

环境公害事件，给人类社会带来十分深刻的教训和警醒；20
世纪 70 年代，发达国家开始投入巨资治理污染，并且将污染
严重的工业逐步转移至发展中国家。在很长一段时间里，我
国也曾走过"先污染后治理"的老路。改革开放以来，我国
用短短几十年的时间，创造了西方发达国家几百年的工业化
成果，但也有一些地方将经济发展与环境保护割裂开来，为
此付出了巨大的生态环境代价。广东省韶关市的大宝山矿新
山片区，历经三十余年无序采矿后，留下了地质破坏、水土
流失等生态破坏恶果。尾矿渣以及选矿废水更是给下游清远、
佛山、广州等地数千万人的饮水安全带来隐患。这种生态破
坏经过长达 8 年艰难修复，花费高达 10 多亿元治理费用，才
使昔日满目疮痍的大地伤疤逐渐"愈合"。但周边酸水坑的水
量仍在不停增长，成为周围生态的威胁，还需继续不断投入
才能消除更多衍生危害①。为此，必须积极探索环保新路，以
"人口经济与资源环境相均衡"为基本原则，正确认识人与自
然、源头预防与事后治理的关系，将事前谋划、源头预防放
在更加重要的位置，将人类的资源开发、污染排放限定在生
态环境的生产能力和净化能力范围之内，切实降低对环境的
污染影响、减轻对生态的破坏力度。

---

① 8 年花了 10 多亿，广东大宝山生态修复遇新难题［EB/OL］.（2020-09-21）. https://
m. gmw. cn/2020-09/21/content_1301587034. htm.

三、坚持人口经济与资源环境相均衡是当代需求和后代需求的均衡

可持续发展要求将满足当代人的需要放在首位，同时又不损害后代满足其自身需要的能力，是人与自然相和谐、人与人相和谐、满足人类生存需要与提高生活质量的发展途径。资源是可持续发展的起点和条件，一切经济发展包括可持续发展都可以归结为资源的物质变换，包括自然资源的物质变换、社会资源的物质变换、自然资源和社会资源相结合的物质变换。人们采掘铁矿石炼成钢铁，制成各种有用的器具，促进冶金、制造业的发展；人们通过对人、财、物等各种资源的合理配置来进行经济体制改革，实现国民经济和社会的发展。环境是可持续发展的条件和约束，是人类进行各种经济活动的空间，是资源的载体，不仅影响着人类的生产生活状况，也影响着资源存量。人类的经济活动离不开资源、环境的供给。社会进步、技术创新也只能寻找、开发新的资源，减少经济发展对资源、环境的依赖程度，而无法彻底取代资源、环境的重要地位。在资源、环境容量有限的情况下，如果为了当代经济增长竭泽而渔，未来经济就不可能持续发展。同时，随着我国人口不断增长，资源消耗不断增加，人口对

粮食供给的压力持续存在，人口与水资源短缺的矛盾始终突出，人口与能源消费的平衡关系十分紧张，对我国当代经济社会发展和后代长远利益产生了巨大影响。人口问题作为社会的基础性、全局性、战略性问题，越来越成为可持续发展的关键因素。发展是可持续还是不可持续，紧紧同人口变动，包括人口数量、质量、结构联系在一起。资源环境承载力和经济社会发展不仅对人口数量变动提出要求，也对身体素质、文化教育素质等人口质量方面，以及人口年龄、性别、城乡结构和地域分布结构提出了相应的要求。为此，必须加强统筹谋划，坚持人口经济与资源环境相均衡，牢牢把握人口发展重大趋势性变化，以当代人的生态建设实现子孙后代的可持续发展。

坚持人口经济与资源环境相均衡是我国现阶段推动实现人与自然和谐共生现代化的基本原则，也为世界对人与自然关系的理解贡献了中国智慧。人口经济与资源环境相均衡的理念致力于解决好工业文明带来的矛盾，以人与自然和谐相处为目标，实现世界的可持续发展和人的全面发展，这不仅符合全人类共同价值，也是全球社会发展的共性所在。只有坚持人口经济与资源环境相均衡，人与自然才能真正和谐共处、相融相生。

第三节　在发展中保护，在保护中发展

一、走出一条保护与发展的共生之路

几百年来，西方发达国家的西式现代化与资本主义制度紧密联系在一起，在这种资本主义现代化模式下，资本对利润无止境追逐，把人与自然的关系归结为操纵与被操纵的工具性关系，只关注经济效益，而无视或忽视生态价值，在创造了丰裕的物质财富的同时，也带来了难以想象的环境创伤，人与自然的关系愈加紧张。而中国式现代化是工业文明转向生态文明时代的现代化，是一种人与自然和谐共生的现代化新路。习近平指出，要在发展中保护，在保护中发展，这是对西方保护和发展问题的批判性反思，是对我国现代化道路的创造性回答。

表面上看，保护和发展存在一定矛盾。单纯追求发展不可避免地会破坏保护生态环境的工作；而一味地进行生态环境保护也会限制经济社会的发展。但发展不能对资源和生态环境竭泽而渔，生态环境保护也不是舍弃发展而缘木求鱼，不能把保护和发展割裂开来，更不能对立起来。发展不一定要以牺牲生态环境为代价，保护生态环境也不一定会限制经济社会的长远发展。马克思主义认为，可持续的发展实际上是建立在可持续的环境基础上的。从根本上讲，生态环境保护和经济社会发展是辩证统一、相辅相成的。保护生态环境就是保护自然价值和增殖自然资本，就是保护经济社会发展潜力和后劲。人类只有把生态环境作为可持续发展的基础，才能满足自身长期的经济发展需求。如果失去环境资源的供给，发展就无从谈起；如果失去经济来源，也就无法进一步完善对环境资源的保护工作。

草木植成，国之富也。从中国式现代化的实践来看，我国高度重视保护和发展的统一，认为绿色生态是最大的财富、最大的优势、最大的品牌。生态本身就是经济，只要能够把生态环境优势转化为生态农业、生态工业、生态旅游等生态经济的优势，就能实现经济社会可持续发展。例如：安徽岳西依托良好生态环境优势，开发绿色、有机高品质农产品，培育形成众多特色名优农产品，是"中国名茶之乡""中国绿色果菜之乡""中国蚕桑之乡""中医药健康旅游示范基地"，走出了一条保护与发展的共生之路、转化之路、统一之路，先后获评国家级生态保护与建设示范区、国家园林县城、国家生态文明建设示范县、"绿水青山就是金山银山"实践创新基地①。江苏常熟认真贯彻落实习近平关于长江经济带发展的

---

① 立足资源禀赋 发展生态种养 岳西：特色产业助增收［EB/OL］.（2022-03-29）. https://www.anqing.gov.cn/xwxx/zwyw/2000645041.html.

战略部署，突出生态优先、绿色发展，以打好污染防治攻坚战为重点，以推进"263"（两减六治三提升）专项行动为抓手，出台深入打好污染防治攻坚战"首季争优"专项行动工作方案，明确 5 大方面 29 项污染防治攻坚措施，力促生态环境质量持续改善取得"开门红"[①]。

实践证明，促进生态环境与经济社会的可持续发展可以同时发力、相向而行，这既要在加强环境治理基础上推动经济发展，绝不能以牺牲资源和生态环境为代价，又要加强环保治理，坚持在发展中保护，在保护中发展，不搞"一刀切"，不突破经济安全运行底线，以此实现两者有机融合、良性互动。

二、保护与发展的共生之路与人民群众息息相关

"在发展中保护，在保护中发展"就是秉持以人为本的发展理念，不断满足人民群众日益增长的美好生活需要。生态环境问题是与人民群众的身体健康乃至生命与财产安全休戚相关的重大问题，是全社会共同关注的事业。我国社会主要

---

① 常熟下好"首季争优"先手棋，着力提高生态环境"含绿量"［EB/OL］.（2021-03-05）.http://www.changshu.gov.cn/zgcs/c100297/202103/ed8952e9f60946fda9e3c4029eb1af6 c.shtml.

矛盾发生变化，人民对优美生态环境的需要成为这一矛盾的重要方面，广大人民群众热切期盼加快提高生态环境质量。而积极回应人民群众所想、所盼、所急，是我们党的宗旨所在、使命所在、责任所在。

首先，"在发展中保护，在保护中发展"，要正确地处理好物质财富和精神财富的创造与提供更多优质生态产品之间的关系。当前我国仍处于并将长期处于社会主义初级阶段，大力发展经济仍然是实现我国社会主义现代化目标的重要内容和路径，必须坚持推动经济持续发展。要坚持节约资源和保护环境的基本国策，把生态环境保护放在更加突出的位置，倡导绿色生产和绿色消费的思想观念，完善相关法律制度和政策导向，建立健全绿色低碳循环发展的经济体系，形成绿色发展的生产方式和生活方式，坚定走生产发展、生活富裕、生态良好的文明发展道路，使人民群众在享受丰富物质精神财富的同时也能切实地感受到我国绿色发展带来的优美生态环境，真正实现美丽中国造福人民的目标。

其次，"在发展中保护，在保护中发展"，一方面要着力解决我国存在的突出环境问题，另一方面要加强对生态系统的保护。这就强调要高度重视解决损害群众健康的突出环境问题，坚持预防为主、综合治理，强化对水资源、大气资源和土壤资源的污染防治力度。落实到企业和个人，应注重健全企业和个人的环保信用评价机制，加强对污染环境、破坏生态行为的处罚力度，以硬性规定保证在促进经济社会发展的同时也能维护好生态系统的稳定性。

再次，"在发展中保护，在保护中发展"，形成施之长远的长效机制至关重要。行为的约束、秩序的管控需要法律和制度来制约和保障，对生态环境的保护需要依靠法律和制度解决体制不健全、制度不严格、法治不严密、执行不到位、惩处不得力等问题，让制度成为刚性的约束和不可触碰的高压线。另外，往深层看，生态环境问题与经济发展模式息息相关，要从根本上解决环境问题，就要从根本上转变发展方式，全面推动绿色发展，推动中国经济从高速增长转向高质量发展。唯有如此，才能改变"大量生产、大量消耗、大量排放"的生产模式和消费模式，真正实现保护与发展的共赢，维护好人民群众的自然生态权益。

"过去由于生产力水平低，为了多产粮食不得不毁林开荒、毁草开荒、填湖造地，现在温饱问题稳定解决了，保护生态环境就应该而且必须成为发展的题中应有之义。"[1] 从各地方的实践来看，不论是福建三明市将乐县首批林业碳票的正式出炉，昭示着生态公益林可折算成碳减排量进行交易[2]，还是在浙江杭州市临安区，各镇街自然生态资源的增减情况

---

[1] 习近平.习近平谈治国理政：第2卷［M］.北京：外文出版社，2017：392.

[2] 把"空气"变"真金白银"　福建三明发放首批林业碳票［EB/OL］.（2021-05-25）.http://kjt.fujian.gov.cn/xxgk/gzdt/mtjj/202105/t20210525_5601430.htm.

能够通过数字管理平台实现可视化，为落实生态补偿机制提供了清晰依据①，抑或是江西抚州市金溪县创新推出的"古村落金融贷"引来了金融活水，推动古村古建融入生态文化旅游产业②，这一系列实例都说明，"在发展中保护，在保护中发展"就是强调在促进经济社会持续健康发展的同时，坚持生态惠民、生态利民、生态为民，把优美的生态环境作为一项基本公共服务，把解决突出生态环境问题作为民生优先领域，让群众持续感受到变化、不断增强信心。

三、共建万物和谐、绿色繁荣的美丽家园

生物多样性是生态文明和生态建设的基础，也是可持续发展的基础。工业文明发展带来的是短期高效的发展并对生态产生了负面效应，使得生物多样性遭到破坏，生态系统常常呈现脆弱性。习近平强调："生物多样性关系人类福祉，是人类赖以生存和发展的重要基础。工业文明创造了巨大物质财富，但也带来了生物多样性丧失和环境破坏的生态危机。生态兴则文明兴。我们要站在对人类文明负责的高度，尊重

① 天目"临碳"数智大脑 科技助力低碳镇建设 [EB/OL].（2022-09-14）.http://lyj.zj.gov.cn/art/2022/9/14/art_1277845_59037737.html.
② 人民日报整版聚焦江西金溪：让古村老屋迎新生 [EB/OL].（2022-09-07）.http://www.jiangxi.gov.cn/art/2022/9/7/art_5296_4135025.html.

自然、顺应自然、保护自然，探索人与自然和谐共生之路，促进经济发展与生态保护协调统一，共建繁荣、清洁、美丽的世界。"①当前，生态文明关乎人类未来，应对气候危机、维护能源安全、保护生态环境是当今国际社会面临的共同挑战，国际社会应共谋全球生态文明建设之路。在这一大背景下，中国紧紧围绕"在发展中保护，在保护中发展"，积极践行人与自然和谐共生的发展理念，努力保护生物多样性。例如，我国塞罕坝区域生物多样性得到恢复，其中国家重点保护动物 47 种，国家重点保护植物 9 种，真正实现了在经济社会发展的同时保护了当地生物系统的恢复与稳定②。

只有把生态环境的基础打好，把绿色发展的底色铺好，才会有今后发展的高歌猛进；反之，离开了"绿水青山"，人类社会一切财富都将成为无源之水、无本之木，也就不会有"金山银山"，更不会有人与自然和谐共生的现代化。随着我国经济转向高质量发展阶段，生态环境的支撑作用越来越明显，生态环境保护不好，最终将葬送社会发展前景。其中，生态环境投入不是无谓投入、无效投入，而是关系经济社会高质量发展、可持续发展的基础性、战略性投入。只有把生

---

① 习近平. 习近平在联合国成立 75 周年系列高级别会议上的讲话 [M]. 北京：人民出版社，2020：15.

② 塞罕坝，京城绿色屏障的前世今生 [EB/OL]. (2017-08-04). http://www.xinhuanet. com/politics/2017-08/04/c_1121426164_4.htm.

态保护好，把生态优势发挥出来，才能实现高质量发展。不能因为经济发展遇到一点困难，就开始动铺摊子上项目、以牺牲环境换取经济增长的念头。习近平强调："要给有的地方去掉紧箍咒，生产总值排名即便有所下滑，但在绿色发展方面搞上去了，在治理大气污染、解决雾霾方面作出贡献了，那就可以挂红花、当英雄。"① 其实，不简单以国内生产总值增长率论英雄，并不是不要发展了，而是要摒弃那种以牺牲生态环境为代价换取一时发展的做法，绝不能有保护、袒护、维护破坏生态环境的行为，绝不能口头上高唱绿水青山、背地里大搞"黑色增长"，而是要坚定不移保护绿水青山这个"金饭碗"，努力把绿水青山蕴含的生态产品价值转化为金山银山，转化为人与自然和谐共生现代化的自然基础、经济支柱，从而建设万物和谐、万物美丽的地球家园。

---

① 中共中央宣传部，中华人民共和国生态环境部. 习近平生态文明思想学习纲要［M］. 北京：人民出版社，学习出版社，2022：31.

第四章

人与自然和谐共生现代化的发展格局

　　党的十八大以来，以习近平同志为核心的党中央协调推进"五位一体"总体布局和"四个全面"战略布局，牢固树立和贯彻落实创新、协调、绿色、开放、共享的新发展理念，以强烈的历史担当和深厚的民生情怀，将促进人与自然和谐共生作为中国式现代化的内在要求和本质特征，把生态文明建设摆上更加重要的战略位置，认识高度、推进力度、实践深度前所未有，推动人与自然和谐共生现代化的发展格局取得积极进展，生态文明建设展现出旺盛生机和光明前景。

第一节　守住自然生态安全边界

一、生态风险的"防患于未然"

我们都知道，做事情要"防患于未然"。自然生态保护也是如此，不仅要在科学可确定的情况下节约资源和保护环境，也要在存在着科学不确定性的情况下以风险预防原则为指导，优先考虑资源节约、环境保护和自然恢复而开展风险预防工作，从而对生态风险进行有效防范。如国有国界，自然生态安全也有边界。人类社会发展过程中除了普遍存在的社会安全边界，日趋严重的生态环境问题、人与自然的生命共同体关系也凸显维护人与自然生态安全边界的重要性。

作为国家安全的重要组成部分，"自然生态安全"在空间上涵盖了陆域、海域乃至地球圈层的自然生态系统的安全，与人类生产、生活息息相关。而"自然生态安全边界"，以自然生态安全的健康、稳定与可持续性为主要内容，具体指向森林、草原、河流、湖泊、湿地、荒漠、海洋等自然生态系统及其相互之间的安全界限或底线。确立自然生态安全边界，确立人类社会可持续发展必须遵循的边界，是维持自然生态系统平衡稳定的根本前提，也是维护人与自然关系和谐稳定安全的最基本保障。

这种在自然保护中强调维护自然生态安全边界的做法，实际上是底线思维的运用。底线思维源自忧患意识，忧患意识在中华民族长期的历史演进和斗争实践中，已经积淀成为中华民族生生不息的基因密码和精神特质，从先秦孟子的"生于忧患而死于安乐"，到唐代魏徵的"自古失国之主，皆为居安忘危，处理忘乱，所以不能长久"，到北宋欧阳修的"忧劳可以兴国，逸豫可以亡身"，再到清末魏源的"治久习安，安生乐，乐生乱；乱久习患，患生忧，忧生治"，无不体现出中华大地上忧患意识的源远流长。在内忧外患中诞生、在中华优秀传统文化肥土沃壤上成长起来的中国共产党成为继承和发扬传统忧患意识的马克思主义政党。从腥风血雨的革命战争年代到艰辛探索的社会主义革命和建设时期，再到摸着石头过河的改革开放和社会主义现代化建设新时期，党和国家领导人常怀忧患意识，在居安思危中不断化解各种矛盾和风险。习近平在继承和发展毛泽东等老一辈革命家"从最坏的可能性着想""把困难估计充分"等思维方式的基础上，明确要坚持底线思维，积极作为、未雨绸缪，见微知著、防微杜渐，下好先手棋、打好主动仗，成功应对重大挑战、抵御重大风险、克服重大阻力、解决重大矛盾，并把它运用于中国特色社会主义建设的各个方面，运用于治国理政各方面全过程。在生态文明领域坚持底线思维，就是要守住自然生态的底线，守住自然生态安全边界。

二、 "有形"与"无形"的自然生态安全边界

为自然守住安全边界和底线，既包括有形边界，也包括无形边界。其中，有形边界在整体上涵盖了：主要依据地形地貌或生态系统完整性确定的自然边界，如林线、雪线、流域分界线，以及生态系统分布界线等；自然保护区、风景名胜区、国家公园等各类保护地边界；江河、湖库，以及海岸等向陆域（或向海域）延伸一定距离的边界；全国土地调查、地理国情普查等明确的地块边界。无形边界则主要指向由道德准则、乡规民约等生态伦理和生态文化内容所划定的边界。正确认识维护生态安全的有形边界和无形边界，有利于提高生态产品供给能力和生态系统服务功能，有利于调整空间结构、构建国家生态安全格局。

具体来看，守住自然生态安全边界具有丰富而深刻的内涵。要按照经济效益、社会效益、生态效益相统一的原则，建立国土空间开发保护制度，划定并严守生态保护红线，严格保护各类重要生态空间，促进形成科学合理的城镇化推进格局、农业发展格局、生态安全格局，给自然生态留下休养

生息、自我更新的空间；按照"山水林田湖草是生命共同体"的理念，用系统论的方法准确识别和消除生态安全隐患，以提高生态系统稳定性和服务功能为核心，着力提高生态系统调节和自我修复能力，为人类提供数量更多、质量更好的生态产品；树立空间均衡的导向，把握人口经济与资源环境的平衡点推动发展，将人口规模、产业结构、增长速度限定在当地水土资源承载能力和环境容量内；增强责任感、使命感，牢固树立防范和化解各类生态环境风险的责任意识，以切实保障国家和区域生态安全为己任，不越雷池一步。

三、筑牢国家生态安全屏障

筑牢稳定可靠的生态安全基础，是经济社会实现可持续发展的重要保障；如果生态安全风险不能及时消除，最终势必演变为经济社会发展重大风险隐患。从我国现实来看，我国许多地区地处大江大河上游，是中华民族的生态屏障，也是中华民族永续发展的本钱，更需要坚决筑牢国家生态安全屏障。例如：青藏高原是世界屋脊、亚洲水塔，是地球第三极，是我国重要的生态安全屏障、战略资源储备基地，是中华民族特色文化的重要保护地。三江源地区是长江、黄河、澜沧江的发源地，被誉为"中华水塔"，有世界上高海拔地区独一无二的大面积湿地生态系统，是高寒生物自然物种资源库，具有不可替代的生态地位。祖国北疆生态状况关系全国生态安全，三北（西北、华北、东北）防护林体系建设工程是生态文明建设的一个重要标志性工程。秦岭和合南北、泽被天下，是我国的"中央水塔"；祁连山对保护国家生态安全、推动河西走廊可持续发展具有十分重要的战略意义；贺兰山是我国重要自然地理分界线和西北重要生态安全屏障。只有坚守自然生态安全边界，筑牢生态安全屏障，才能扛起对国家、对民族、对子孙后代的历史责任，拥有可持续发展的能力，让中国成为动植物生存的乐土、经济社会发展的沃土，守护好全国各族人民赖以生存和发展的美丽家园。

党的十八大以来，以习近平同志为核心的党中央积极探索人与自然和谐共生现代化的发展格局，在习近平生态文明思想指导下，各地、各部门建立空间规划体系，落实主体功能区战略，划定生产、生活、生态空间开发管制界限，严守生态保护红线，持续推进各项重点生态工程建设，加快形成自然保护地体系，完善生物多样性保护网络，为形成科学适度有序的国土空间布局体系打下了良好基础。总体上看，我国已基本遏制自然生态系统恶化趋势，森林、草原、湿地、荒漠等主要类型的自然生态系统稳定性逐步增强，重点工程区生态质量持续改善，国家重点生态功能区生态服务功能稳步提升，国家生态安全屏障基本构筑完成。"我国人工林保存面积长期位居世界第一，达 12 亿亩。改革开放以来，森林面积增长了 80%，森林覆盖率增长了 10 个百分点。草原禁牧 12 亿亩、草畜平衡 26 亿亩，草原治理面积超过 10 亿亩。"[①] 在此基础上，我国进一步提出了以"三区四带"为核心的总体布局，部署了九大工程、47 项重点任务，涵盖森林、草原、荒漠、河湖湿地、海洋等五大自然生态系统，基本囊括我国主要的生态安全屏障骨架，以及长江经济带发展、黄河流域生态保护和高质量发展等重大战略的生态支撑区域。不仅对自然资源形成了基本保护，同时拓展了自然生态空间和资源量，提升了自然生态系统质量，推进了人与自然和谐共生现代化进程。

第二节　统筹建设生态绿色空间

一、信守人与自然的"空间约定"

国土是绿色发展的空间载体。统筹建设生态绿色空间、

---

① 构筑和优化国家生态安全屏障体系：三部门解读全国重要生态系统保护和修复重大工程总体规划［EB/OL］.（2020-06-15）. http://www.xzly.gov.cn/article/6095.

建立国土空间体系，需要以国土为根据，综合考虑人口分布、经济布局、国土利用、生态环境保护等因素，科学布局生态空间、农业空间、城镇空间。党的十八大以来，以习近平同志为核心的党中央为缓解国土空间开发与保护的矛盾，坚持新发展理念，出台一系列路线、方针、政策，积极推进生态文明建设，重塑国土空间开发、利用与保护的时空秩序，统筹建设生态绿色空间，保护和修复生态空间、农业空间，优化布局城镇空间，开启了一场广泛而深刻的经济社会系统性变革，奠定了人与自然和谐共生现代化发展格局的基础。

生态空间是绿色空间、"根空间"，具有基础性、战略性作用，它承载自然生态系统，以提供生态产品和生态服务为主体功能，包括需要保护和合理利用的海洋、森林、草原、湿地、荒漠、河流、湖泊等。在人类文明诞生之前，地球就作为生态空间存在。但人类的出现彻底颠覆了自然生态系统原有的秩序和规则，击破了生物圈的原真性、协同性和完整性，致使生态空间岛屿化、碎片化，导致生态系统秩序混乱、生态服务缺失、生态灾难频发。工业化、城市化使人类文明遭遇空前绿色危机、生态危机。要走上人与自然和谐共生的现代化发展之路，必须信守人与自然的"空间约定"，不能同自然争夺发展空间。

习近平对如何信守人与自然的"空间约定"这一问题给出了回答："要把生态环境保护放在更加突出位置，像保护眼睛一样保护生态环境，像对待生命一样对待生态环境"①。以"眼睛"和"生命"为比喻，形象地说明了生态环境对于人类的至关重要性。保护生态环境就是在保护人类自身，建设生态文明就是为了造福人类。生态保护修复作为生态环境保护的一种方式，旨在填补"生态缺口"，重建"生态健康"，这需要长时间的努力。在此过程中，建立自然保护区、风景名胜区、文化自然遗产、地质公园、森林公园等各种保护区，重塑这些区域的生态功能，对于保护和持续利用重要生态系统具有至关重要的作用。将我国最重要的自然生态系统、最独特的自然景观、最精华的自然遗产、最富集的生物多样性区域纳入国家公园体系，可以进一步强化对自然生态系统原始性和完整性的保护。2017 年以来，四川省荥经县树牢"绿水青山就是金山银山"理念，创新制度建设，构建"1+3"工作体系，积极建设大熊猫国家公园创新示范区②。海南省白沙县紧抓海南热带雨林国家公园建设机遇，全面推动野生茶资源保护，做优做强茶产业，将野生茶的生态"红利"变成民生"福利"③。福建省南平市力争全面提升以武夷山国家公园为

① 中共中央文献研究室.习近平关于全面建成小康社会论述摘编［M］.北京：中央文献出版社，2016：176.

② 生物多样性优秀案例（11）｜四川省荥经县大熊猫国家公园创新示范区建设［EB/OL］.（2022-12-16）.https://www.mee.gov.cn/ywgz/zrstbh/swdyxbh/202212/t20221216_1008076.shtml.

③ 生物多样性优秀案例（33）｜海南白沙野生茶资源保护及开发［EB/OL］.（2023-01-08）.https://www.mee.gov.cn/ywgz/zrstbh/swdyxbh/202301/t20230108_1012014.shtml.

主体的自然保护地体系建设，全面加强以朱子文化为代表的优秀传统文化保护传承[①]。

二、绿化生态空间，扮靓美丽中国

恢复生态学研究表明，遭受严重破坏的生态系统生产力要恢复原貌，草原需要 15～20 年，灌丛需要 30～40 年，森林需要 80～100 年甚至更长时间。其中，湿地作为"地球之肾"，是重要的自然生态系统，事关国家生态安全。为维护生态系统平衡，党的十八大以来，我国高度重视湿地保护，将其作为生态文明建设的重要内容，初步建立全国湿地保护体系，持续加强湿地生态保护修复，从湿地生态系统的整体性和系统性出发，建立了完整的湿地保护法律制度体系，湿地保护和发展进入快车道，湿地涵养水源、净化水质、保护生物多样性、蓄洪抗旱、固碳等功能得到更好发挥，生态环境显著改善，绿色空间持续扩大。湖南省常德市三汊障及周边区域曾一度因水域被围成鱼塘进行投肥养殖造成生态破坏严重。从 2018 年底开始，当地政府打响生态环境问题整改攻坚战，逐步建立各项补偿机制和长效监管机制，构建完整的

---

① 南平推动环武夷山国家公园保护发展带建设 提升文化遗产保护传承利用水平［EB/OL］.（2021-10-20）.https://www.mee.gov.cn/ywdt/dfnews/202110/t20211020_957158.shtml.

湿地生态系统，拆除 93 个鱼塘、2 万米矮堤，实施"退养还湿" 1 296.5 亩，开展 3 000 亩鸟类生境改造和 8 000 亩植被修复，湿地系统面貌焕然一新①。

林草兴则生态兴，森林和草原对国家生态安全具有基础性、战略性作用。开展大规模国土绿化行动，实行"以绿治黄""挺进深绿"，也是推动生态空间建设的重要战略部署。我国是世界上水土流失、土地荒漠化、石漠化、盐渍化等国土生态安全问题最严重的国家之一。监测显示，2009 年我国沙化土地面积占国土面积的 18.03%；水土流失面积占国土面积的三成②。习近平曾痛心地说："我国总体上仍然是一个缺林少绿、生态脆弱的国家"③。"河西走廊、黄土高原都曾经水丰草茂，由于毁林开荒、乱砍滥伐，致使生态环境遭到严重破坏，加剧了经济衰落。"④ 为维护生态平衡，推进人与自然和谐共生的现代化，必须清醒认识保护生态环境、治理环境污染的紧迫性和艰巨性，清醒认识加强生态文明建设的重要性和必要性，以对人民群众、对子孙后代高度负责的态度和责任

---

① 呵护"地球之肾"拓展绿色空间（共建地球生命共同体）[EB/OL].（2021-03-24）.http://cpc.people.com.cn/n1/2021/0324/c64387-32058881.html.

② 为子孙后代留下美丽家园：习近平总书记关心推动国土绿化纪实 [EB/OL].（2022-03-39）.http://www.news.cn/politics/leaders/2022-03/29/c_1128512785.htm.

③ 习近平总书记在参加首都义务植树活动时强调 把义务植树深入持久开展下去 为建设美丽中国创造更好生态条件 [N].人民日报，2013-04-03（1）.

④ 习近平.论把握新发展阶段、贯彻新发展理念、构建新发展格局 [M].北京：中央文献出版社，2021：247.

感，真正下决心把环境污染治理好、把生态环境建设好。对此，以习近平同志为核心的党中央把国土绿化、植树造林、统筹山水林田湖草沙摆在更加重要的位置。植树造林是实现天蓝、地绿、水净的重要途径，是最普惠的民生工程。每一次参加义务植树，习近平都对国土绿化事业殷殷嘱托："前人栽树，后人乘凉，我们这一代人就是要用自己的努力造福子孙后代。"① "要坚持全国动员、全民动手植树造林，努力把建设美丽中国化为人民自觉行动。"② "要创新义务植树尽责形式，让人民群众更好更方便地参与国土绿化，为人民群众提供更多优质生态产品，让人民群众共享生态文明建设成果。"③ 在习近平的引领下，亿万人民植树绿化的步伐坚定不移。祁连山脚下，以"六老汉"为代表的八步沙林场三代人接续治沙的故事，至今仍在延续，并创造出以进取精神为核心、以"困难面前不低头、敢把沙漠变绿洲"为内容的当代愚公精神④。

---

① 习近平在参加首都义务植树活动时强调 像对待生命一样对待生态环境 让祖国大地不断绿起来美起来 [N].人民日报，2018-04-03（1）.

② 习近平在参加首都义务植树活动时强调 坚持全国动员全民动手植树造林 把建设美丽中国化为人民自觉行动 [N].人民日报，2015-04-04（1）.

③ 习近平在参加首都义务植树活动时强调 培养热爱自然珍爱生命的生态意识 把造林绿化事业一代接着一代干下去 [N].人民日报，2017-03-30（1）.

④ 甘肃古浪八步沙林场：六老汉治沙 三代人接力 [EB/OL].（2019-03-29）.http://cpc.people.com.cn/n1/2019/0329/c64104-31001707.html.

三、奏响城乡"绿色"二重奏

农业空间、城镇空间与生态空间都有重叠。在人与自然和谐共生现代化思想指导下，农业空间作为农业农村发展的空间载体，除了具有供给工业原料、提供田园观光与休闲体验场所等经济功能，保障粮食和重要农产品供给、保障城乡居民就业、传承农耕文化等社会功能，也具有保护水土资源和生物多样性、提供绿地与维持生态平衡等生态功能。在中国农业资源环境约束趋紧和优质农产品供需失衡的双重压力下，农业空间的生态功能变得更加重要。靠拼资源消耗、拼农资投入、拼生态环境的粗放经营模式难以为继，发展生态农业模式已经成为社会共识。山东省蒙阴县依托自身农业资源优势，塑造了推进农业生态化的鲜活案例。蒙阴县依托丰富的林草资源，利用自身的果树和养殖条件，把蜜桃种植、长毛兔养殖和沼气建设结合起来，利用树落叶加工成饲料喂养长毛兔，兔粪进入沼气池发酵，生产的沼气用来做饭、照明，沼渣沼液用来为桃树施肥，构建形成"兔—沼—果"生态循环农业模式，既提升了果、兔产业附加值，提高了果品品质，又为果树提供了有机肥料，减少了化肥使用，避免了化肥过量使用带来土壤酸化的影响，实现了经济效益和生态效益双赢。至 2022 年，蒙阴县 70% 的村采用"兔—沼—果"模式，长毛兔饲养量达 600 万只，年产兔毛 4 000 吨，是中国长毛兔饲养第一大县；种植蜜桃面积 71 万亩，品种 200 余个，产量居全国县区首位[①]。

  城镇空间中也具有担负生态功能的绿色空间。城镇空间是以承载城镇经济、社会、政治、文化、生态等要素为主的功能空间，是人类主要的活动空间，分为灰色空间与绿色空间。灰色空间是城市建筑以及功能性空间，如道路、停车场等；绿色空间是用于城市绿色景观建设所留下的土地或非硬化城市开放空间，如城市公园、森林、农田、河流等，构成了城市绿色基础设施。当前，城市绿色空间发展面临两难境地：一方面，自身承载人类活动的能力十分有限，生态本底遭到无序的占用、破坏；另一方面，城市拓展和人口增长要求提高单位土地上的生活生产强度，"人—地"冲突被成倍放大。因此，必须摒弃碎片化的城市绿色空间建设模式，可以通过线形廊道将城市中分散孤立的各类生态斑块联系起来，形成"点—线—面"结合的城市自然生态体系。

---

① 蒙阴县：打造生态循环立体农业［EB/OL］.（2022-08-22）.http://mengyin.gov.cn/info/5351/126131.htm.

第三节　构建生态绿色产业体系

一、保住绿水青山要抓源头

习近平指出："保住绿水青山要抓源头，形成内生动力机制。要坚定不移走绿色低碳循环发展之路，构建绿色产业体系和空间格局"①。人与自然和谐共生现代化的发展格局以生态绿色产业体系为基础，一个创新引领、协同发展的生态绿色产业体系对人与自然和谐共生现代化的发展格局具有重要的支撑作用。

工业化时期各国经济发展具有很强的规律性，在从农业经济向工业经济演进过程中，经济增速呈倒 U 形发展：在从传统农业经济转型为工业经济的工业化初期，经济增速会不断提升；在从轻工业化向重化工业化演进的工业化中期，经济会加速增长；在重化工业化进程基本结束的工业化后期，经济增速会不断下降；在服务业相对快速发展的后工业化时期，经济将保持中低速增长。当前，人类社会加速变革，正

---

① 习近平.习近平谈治国理政：第 2 卷［M］.北京：外文出版社，2017：243.

在深刻改写甚至颠覆传统经济运行法则，包括资源概念、运行方式、组织模式、商业模式、发展内容等，以"高资源耗能、高环境损耗、高碳排放"为特征的传统产业发展模式难以为继，转型升级势在必行。改革开放以来，我国经济发展基本遵循了一般国家工业化进程中经济发展的普遍规律，目前我国经济正处于从工业化后期向后工业化阶段转换时期，从过去的高速增长转变为中高速增长，面对经济下行的压力和人民对更优美生态环境、更高质量生活品质的需要，亟须转变经济发展方式，构建符合社会发展规律、释放经济活力的新的产业体系。构建生态绿色产业体系，实现发展格局绿色转型，是社会发展的内在要求，是一场深刻的价值重塑与产业重构。

构建生态绿色产业体系是培育绿色发展新动能、实现高质量发展的重要内容，也是"双碳"背景下中国经济发展的主方向。目前，世界正面临新一轮科技革命，交通方式、能源系统和通信技术等正在发生重大变革，蕴含着基本范式的革新：电动汽车、轨道交通、自动驾驶、智能驾驶甚至整个绿色交通都在快速变化；光伏、风电、氢能等新能源，以及水电、核电等清洁能源飞速发展；5G、大数据、云计算、人工智能以及工业互联网蓬勃发展。"绿色复苏"也成为全球经济复苏的主旋律，各国绿色基建投资计划相继出炉。2020年，已有30余个发达经济体将推动产业绿色化转型、加快绿色技术创新视为未来产业发展的重点，并在清洁能源、绿色交通、新能源汽车等领域加大资源投入。截至 2022 年，我国推动建设了 2 783 家绿色工厂、223 家绿色工业园区、296 家绿色供应链企业，推广了 20 000 多种绿色产品和 2 000 多项节能技术及装备产品，打造绿色典型，引领工业绿色发展①。工业和信息化部数据显示，2022 年，我国单位 GDP 能耗持续下降，万元 GDP 二氧化碳排放下降 0.8%②，节能降耗减排稳步推进。重点行业和重要领域工业企业的绿色化改造加速推进，钢铁、石化化工、纺织等重点用能行业能效水平大幅提升。2022 年，我国节能环保产业产值超 8 万亿元，年增速 10% 以上③。"十四五"时期，绿色产业发展依然有比较大的空间和市场。

　　构建生态绿色产业体系，实现产业绿色转型，是一项复杂而长期的工作。当前，我们仍然面临着深层障碍和艰巨任务，仍然面临着偏重的产业结构与绿色转型之间的矛盾，面临着石化、冶金等产业各环节环境风险源多，部分地区重化企业布局集中的挑战，以及绿色低碳经济发展中因制度性壁垒和制度性成本居高不下而导致的优质生态产品与服务供给

---

① 央视《新闻联播》：我国制造业绿色化转型步伐加快［EB/OL］.（2022-06-14）. https://www.miit.gov.cn/xwdt/gxdt/sjdt/art/2022/art_a509ec770c514244bddf71dfbb3d65dd.html.

② 国家统计局：2022 年全国万元 GDP 二氧化碳排放下降 0.8%［EB/OL］.（2023-03-01）.https://news.bjx.com.cn/html/20230301/1291770.shtml.

③ 中国节能环保产业产值超 8 万亿元［EB/OL］.（2022-07-05）.http://www.gov.cn/xinwen/2022-07-05/content_5699273.htm.

不足等诸多问题，需要继续攻坚克难、久久为功，以实现"产业"与"生态"的有益互动。

二、推进产业生态化和生态产业化协同发展

产业生态化和生态产业化，是我国生态文明新时代、经济高质量发展新阶段和国家治理新时期的迫切需要。

产业生态化，就是产业的生态化、绿色化过程或行为。减少资源的消耗和浪费，减少环境的污染，减少生态系统的破坏，减少生产过程的碳排放量，需要资源密集型产业、环境易污型产业、生态占用型产业等的生态化、绿色化转型。推动产业生态化，要进一步发展生态农业、绿色农业，发展绿色制造业，发展绿色服务业尤其是生态旅游业。要改变过多依赖增加物质资源消耗、过多依赖规模粗放扩张、过多依赖高能耗高排放产业的发展模式，构建科技含量高、资源消耗低、环境污染少的产业结构，大幅提高经济绿色化程度，有效降低发展的资源环境代价。

生态产业化，既包括生态产品或服务的价值实现过程，也涵盖以生态系统修复为主的新业态的形成过程。要以生态产品为基点，积极探索生态产品价值实现方式路径，加速发展都市现代农业、休闲农业、生态旅游、森林康养、精品民

宿、田园综合体等生态产业新模式。我们不仅要正确认识生态产品或服务的生态价值、环境价值、资源价值等自然价值形态，也要充分挖掘其所蕴含的经济价值、社会价值、文化价值等内容。围绕生产、分配、交换、消费四个环节，牢牢把握生态产品和服务的价值链形成过程，提升生态系统修复的专业化、产业化水平，深入实现生态保护与产业发展的良性互动、相互融合。

从我国地方的实践来看，青海省海东市作为产业生态化和生态产业化协同发展的典范，深入贯彻落实习近平总书记关于"四个扎扎实实"[①]的重大要求，牢固树立新发展理念，把供给侧结构性改革作为经济工作的主线，着力构建出具有海东特色的生态绿色产业新体系。海东市通过构建现代农业产业体系、生产体系、经营体系，全力推进农业与规模、资本、科技、装备、市场、品牌、标准、区域优势八个方面结合，建成了高原特色现代农业示范区，闯出了一条农业增效、农民增收、农村发展的新路子。同时，海东市也着力推进新兴工业发展，调整产业结构，推动产业层次向中高端迈进、供需平衡向高水平跃升。一方面，加快发展壮大工业园区；另一方面，统筹采取政策、市场措施，促进基础工业走创新型、效益型、集约型、生态型的发展模式，引导基础工业实现从块状

---

① 即扎扎实实推进经济持续健康发展，扎扎实实推进生态环境保护，扎扎实实保障和改善民生、加强社会治理，扎扎实实加强和规范党内政治生活。

形态向产业集群、从低端生产向中高端制造的"双转型"。此外，海东市全面实施了健康青海、健康海东计划，推动健康养老产业发展，建成全市首家三甲医院和健康养老城[①]。

三、多措并举构建生态绿色产业体系

构建生态绿色产业体系，实现发展格局绿色转型，是生态文明的内在要求。构建人与自然和谐共生现代化的发展格局，引导并推动着价值重塑、产业重构。它不仅符合中国自身经济发展演进的内在规律，也是探索建立制胜未来新型产业体系的高度自觉展现。

构建生态绿色产业体系要始终将绿色技术的创新和应用作为重要动力。从产业生态化方向看，绿色技术创新和应用可以改变传统生产方式，促进标准化生产方式向个性化、差异化、绿色化生产方式转变，从而实现传统产业绿色化转型升级。绿色技术的广泛应用，能够进一步激发企业生产的内在活力和创造性，提高传统产业劳动生产率和资源利用率，有效促进节能减排和推动绿色发展。同时，绿色技术进步可以推动企业内部流程再造，提高产业运行效率。从生态产业

---

① 【海东市】在推进高质量发展中书写"海东答卷"［EB/OL］.（2022-04-14）.http://www.qinghai.gov.cn/zwgk/system/2022/04/14/010406963.shtml.

化方向看，绿色技术依靠其具有的高创新性和强渗透性，可以形成一批绿色新产品、新业态、新模式。绿色技术的市场化应用将有利于推动绿色产业发展，促进产业结构优化升级。在行业间或行业内，绿色技术作为新的纽带，能够显著提升产业链上下游的重组融合速度，形成新的生产门类和部门，进一步扩大产业外延，促进产业结构优化升级。推进绿色技术的创新和应用，需要提高绿色技术供给能力，进一步提高绿色技术研发能力，以进一步解决好推进绿色低碳发展的科技支撑不足问题。此外，还需要强化企业绿色技术创新主体地位，发展绿色金融，支持绿色技术创新。

构建生态绿色产业体系必须打造绿色供应链。党的十九大报告指出，要在现代供应链等领域培育新增长点、形成新动能。党的二十大报告强调，要着力提升产业链供应链韧性和安全水平。绿色供应链又称环境意识供应链或环境供应链，是一种在整个供应链中综合考虑环境影响和资源效率的现代管理模式，它以绿色制造理论和供应链管理技术为基础，涉及供应商、生产厂、销售商和用户，其目的是使产品从物料获取、加工、包装、仓储、运输、使用到报废、回收处理的整个过程，对环境的负面影响降至最低、在资源利用效率方面达到最高。绿色供应链，是一种创新型的环境管理方式，是对传统供应链的突破和超越。打造绿色供应链，不仅可以降低产业链安全风险，同时也可以推动产业链协同发展。以构建绿色供应链为重点，鼓励和支持骨干、龙头企业进行绿色供应链管理，能够带动并推进整个产业生态化趋势。供应链发展到一定程度，必将突破产业之间的边界，形成上下游产业之间的无缝衔接，涵盖绿色设计、绿色生产、绿色采购、绿色施工、绿色物流、绿色消费、绿色回收、绿色循环等环节，进而能够在整体上构建起生态绿色产业体系。

同时，构建生态绿色产业体系需要政府和社会资本同向发力。习近平指出："要充分运用市场化手段，推进生态环境保护市场化进程，撬动更多社会资本进入生态环境保护领域。要完善资源环境价格机制，将生态环境成本纳入经济运行成本。要采取多种方式支持政府和社会资本合作项目。"[1] 社会资本参与生态环境保护，需要政府的支持和引领。政府机构可以通过健全绿色产业发展促进机制，通过一系列规章制度和政策，对企业进行规范和鼓励；通过绿色采购、税收优惠、低息贷款、生产要素倾斜性配置等政策手段，支持绿色食品、绿色软包装、汽车电子、新材料、现代服务等产业做大做强，促进一二三产业融合发展；通过建立企业环境信用记录和违法排污黑名单制度，加重对违法排污企业的处罚力度；通过有效的宣传教育和舆论引导，增强全社会自觉保护环境的意识，让绿色消费成为人们的自觉行动，培育绿色市场，进一

---

① 习近平.习近平谈治国理政：第 3 卷［M］.北京：外文出版社，2020：371.

步倒逼企业在开发绿色产品和服务方面加大投入。通过这一系列措施，可以更好地将环境保护贯穿于生产、流通、分配、消费等各个环节，贯穿于工业、农业、交通运输、建筑等各个领域。政府的一系列举措，拓宽了社会资本参与生态环境保护的方式和途径，推动着社会资本统筹经济效益和生态效益，这对社会资本而言也是难得的发展机遇。

| 第五章 |

人与自然和谐共生现代化的生产方式

　　中国巨大的人口基数和资源空间分配不均匀的现实，决定了中国实现现代化必将面临更强的资源环境约束。生产方式是社会发展的决定力量，以什么样的方式进行生产直接影响着人与人、人与自然关系的发展前景。据此，党的二十大提出要加快生产方式绿色转型，探索高质量发展新路。当前，绿色循环低碳发展已经成为全球的发展共识、大势所趋和自觉行动，正如习近平所指出的："要建设资源节约、环境友好的绿色发展体系，实现绿色循环低碳发展、人与自然和谐共生"①。推动绿色循环低碳发展，不仅可以满足人民日益增长的优美生态环境需要，而且可以推动实现更高质量、更有效率、更加公平、更可持续、更为安全的发展，走出一条生产发展、生活富裕、生态良好的文明发展道路，这是我们解决资源环

---

① 习近平. 习近平谈治国理政：第 3 卷［M］. 北京：外文出版社，2020：241.

境生态问题、贯彻新发展理念、促进人与自然和谐共生现代化的必然选择。

第一节 绿色发展

一、绿色决定发展的成色

绿色是生命的象征、大自然的底色，更是美好生活的基础、人民群众的期盼。绿色发展解决的是人与自然和谐共生问题，人类发展活动必须尊重自然、顺应自然、保护自然，否则就会遭到大自然的报复，这个规律谁也无法抗拒。新发展理念中，绿色发展与创新发展、协调发展、开放发展、共享发展相辅相成、相互作用，是贯穿经济社会发展各个领域、各个方面的全方位变革，它的目的是改变传统的"大量生产、大量消耗、大量排放"的生产模式和消费模式，使资源、生产、消费等要素相匹配相适应，从而实现经济社会发展和生态环境保护协调统一。

因此，经济发展不能再简单以国内生产总值增长率论英雄，而是应按照统筹人与自然和谐发展的要求，从"有没有"转向发展"好不好"、质量"高不高"，追求绿色发展繁荣。

绿色发展强调坚持以新发展理念为引领，将绿色发展融入生产、流通、消费等领域，贯穿设计、制造、物流等产品的全生命周期，形成环境友好型的生产方式、生活方式，以最大限度地减少或避免生产生活对生态环境的破坏。推动绿色发展，就是要坚持和贯彻新发展理念，正确处理经济发展和生态环境保护的关系，实现遵循经济规律和自然规律的可持续发展；就是要坚持绿水青山就是金山银山的理念，把经济活动、人的行为限制在自然资源和生态环境能够承受的限度内，有效防止在开发利用自然上走弯路，为后代多保存可持续发展需要的资源，保存绿色的生存空间；就是要发展绿色低碳技术，发展环境友好型产业和循环经济，降低能耗和物耗，实现节能减排。

绿色发展作为一种现代化发展方式，以"尊重自然、顺应自然、保护自然"为内核，需要全面转变发展思维和理念，对生产方式、生活方式、思维方式和价值观念进行彻底的变革，这是对经济社会可持续发展规律的深刻认识和把握。坚定地推进绿色发展是一场深刻的革命，是实现生态文明建设的必然要求，是解决污染问题的根本途径。要彻底解决生态环境问题，必须深入推进经济发展方式转变。在几百年的工业化进程中，人类创造了巨大的物质财富，但也造成了严重的生态破坏，给自然环境带来了无法弥补的损害。我国长期以来形成了重化工业比重过高的产业结构，存在着高能耗、高碳排放的问题，这种经济增长模式不仅不符合可持续发展的要求，还会对未来的长远发展造成不良影响。习近平指出："杀鸡取卵、竭泽而渔的发展方式走到了尽头，顺应自然、保护生态的绿色发展昭示着未来。"①绿色发展方式的推动需从产业结构调整、技术创新、能源节约、环保治理等多个方面入手，不断提高资源利用效率和环境保护水平，实现经济发展与生态环境保护的良性互动。只有这样，才能让经济发展真正实现可持续性，让人民群众共享绿色发展的红利。

二、绿色也是永续发展的必要条件

人与自然是休戚与共的生命共同体，绿色发展就是要形成尊重自然、顺应自然、保护自然的意识，杜绝滥用自然资源行为，给自然以休养生息的机会，帮助形成人与自然和谐发展的现代化建设格局。建设社会主义生态文明就是要扭转一味地向自然界索取而忽视自然规律的人类中心主义价值观带来的人与自然对立的破坏生态系统的理念，在绿色发展理念的指引下，顺应自然的客观规律，形成以节约资源、保护环境为宗旨的生活、生产和消费方式，向资源节约型、环境友好型的生态文明新时代迈进，实现永续发展。自然界的资

---

① 习近平.习近平谈治国理政：第3卷［M］.北京：外文出版社，2020：374.

源并非取之不尽、用之不竭，绿色发展就是要遵循自然发展规律，以资源承载力为基础，有节制地利用自然，防止人类因急功近利和贪欲而形成的浪费资源、破坏生态的行为，从而指导人类形成"在生态环境保护上，一定要树立大局观、长远观、整体观，不能因小失大、顾此失彼、寅吃卯粮、急功近利"的长远眼光和发展战略，意识到"环境就是民生，青山就是美丽，蓝天也是幸福，绿水青山就是金山银山"[①]对人类永续发展的重要性。

习近平指出："建设生态文明，关系人民福祉，关乎民族未来。党的十八大把生态文明建设纳入中国特色社会主义事业五位一体总体布局，明确提出大力推进生态文明建设，努力建设美丽中国，实现中华民族永续发展。这标志着我们对中国特色社会主义规律认识的进一步深化，表明了我们加强生态文明建设的坚定意志和坚强决心。"[②]中国正确处理好发展和减排、整体和局部、短期和中长期之间的关系，逐步建立起"到 2025 年，绿色低碳循环发展的经济体系初步形成""到 2030 年，经济社会发展全面绿色转型取得显著成效""到 2060 年，绿色低碳循环发展的经济体系和清洁低碳安全

---

① 习近平.论把握新发展阶段、贯彻新发展理念、构建新发展格局［M］.北京：中央文献出版社，2021：90.

② 中共中央文献研究室.习近平关于全面建成小康社会论述摘编［M］.北京：中央文献出版社，2016：163-164.

高效的能源体系全面建立"①等一系列阶段性目标。在这一系列目标的指引下,各地方不断探索绿色发展战略,例如湖南省祁阳市大力实施"生态立市"战略,把绿色发展、循环发展、低碳发展贯穿到"调结构、促发展、保民生"的全过程,推动生态环境持续稳定向好,走出了一条经济发展和生态保护协同并进的绿色发展之路,先后获评全国绿化模范县、全国卫生县城、全省园林县城、全省生态文明建设示范县、全省农村人居环境整治先进县②。江苏省淮安市把加强水资源保护和水环境治理放在突出位置,实行河长、湖长、断面长"三长合一"制度,在全省首创"一河长两助理"巡管模式,持续改善水环境质量,为永续发展留足生态空间③。

三、下好绿色发展"大棋局"

绿色发展是关系我国经济社会发展全局、构建人与自然

---

① 中共中央 国务院关于完整准确全面贯彻新发展理念做好碳达峰碳中和工作的意见[EB/OL].(2021-10-24).https://www.gov.cn/zhengce/2021/10/24/content_5644613.htm.

② 生态文明示范建设(224)|国家生态文明建设示范区:湖南省永州市祁阳市[EB/OL].(2022-02-16).https://www.mee.gov.cn/ywgz/zrstbh/stwmsfcj/202202/t20220216_969267.shtml.

③ 绿色发展示范案例(江苏篇⑩)|淮安倾力推进河湖生态修复 为永续发展留足生态空间[EB/OL].(2020-06-01).https://www.mee.gov.cn/ywgz/zrstbh/stwmsfcj/202006/t20200601_782130.shtml.

和谐共生现代化生产方式的一件大事。建设人与自然和谐共生现代化，需要使绿色发展的生产方式深入我国农业、工业、服务业这三大产业当中，同时构建好与这三大产业各方面、各环节要素相匹配的制度体系。

就农业的绿色发展而言，就是要在统筹生态学和经济学的基础上，保护和改善农业的耕种环境、气候环境、土壤环境、水资源环境等。通过改变传统的农业发展模式，建立一种新型的集约化、现代化的农业发展模式。就工业的绿色发展而言，就是要通过科学规划、合理安排、生态设计、技术革新和综合利用等手段，开展绿色制造体系建设，大力推进园区循环化改造，积极实施清洁生产改造，全面推进数字化改造。就服务业的绿色发展而言，就是要倡导绿色消费理念，提高公众环保意识；积极培育商贸流通绿色主体，开展绿色商场创建。高质量、高水平的消费行为既能够满足消费者的需求，也能够促进企业的绿色发展、增强企业的竞争力，能够推动企业淘汰低效能、低质量和低水平的产品，加快企业升级改造的进程。

同时，绿色发展要求摒弃传统的"大量生产、大量消耗、大量排放"的生产模式和消费模式，调整经济结构和能源结构，构建资源、生产、消费等要素相匹配相适应的制度体系。一方面，建立健全绿色低碳循环发展的经济体系，加快建立绿色生产和消费的法律制度和政策导向，对重大经济政策和产业布局开展规划环评。另一方面，构建市场导向的绿色技术创新体系，发展绿色金融，培育壮大绿色技术创新主体，强化绿色技术创新的导向机制，推进绿色技术创新成果转化示范应用，优化绿色技术创新环境，深化绿色技术创新对外开放与国际合作；推进能源生产和消费革命，构建清洁低碳、安全高效的能源体系。除此之外，绿色发展要求形成节约适度、绿色低碳、文明健康的生活方式和消费模式，形成全社会共同参与的良好风尚。推进资源全面节约和循环利用，实施国家节水行动，降低能耗、物耗，实现生产系统和生活系统循环链接。反对奢侈浪费和不合理消费，开展创建绿色家庭、绿色学校、绿色社区和绿色出行等行动，把建设美丽中国转化为全体人民的自觉行动。

要充分认识到推动形成绿色发展方式和生活方式的重要性、紧迫性、长期性、复杂性、艰巨性，开展生态环境保护建设，加快形成绿色发展方式，推动碳达峰碳中和目标如期实现，让中华大地天更蓝、山更绿、水更清、环境更优美。中国的一系列绿色发展实践，也为地球增添了更多"中国绿"，极大地拓宽了全球绿色版图。这些绿色生产实践，在造福中国人民的同时，也造福了世界各国人民。

第二节 循环发展

一、绿色低碳循环发展已成共识

当前，世界主要经济体普遍把发展循环经济作为破解资源环境约束、应对气候变化、培育经济新增长点的基本路径，加速循环经济发展布局，应对全球资源环境新挑战。我国也亟须发展循环经济、提高资源利用效率和再生资源利用水平。"十四五"时期，我国资源能源需求仍将刚性增长。同时，我国一些主要资源对外依存度高，随着世界格局深刻调整，全球产业链、价值链和供应链受到非经济因素严重冲击，国际资源供应不确定性、不稳定性增加，且我国资源能源利用效率总体上仍然不高，资源安全面临较大压力。无论从全球绿色发展趋势和应对气候变化要求看，还是从国内资源需求和利用水平看，我国都必须大力发展循环经济，着力解决突出矛盾和问题，实现资源高效利用和循环利用，推动经济社会高质量发展。

循环发展是破解资源环境生态问题的必然要求。持续改善环境质量，实现生态环境根本好转，建设人与自然和谐共生的现代化是建设社会主义现代化强国的内在要求。工业文明带来的生态环境问题归根结底是资源利用方式粗放问题，要从根本上解决这一问题，循环发展的内在性要求就是对资源利用方式进行全面变革。2013年5月，习近平在十八届中央政治局第六次集体学习时指出："节约资源是保护生态环境的根本之策。扬汤止沸不如釜底抽薪，在保护生态环境问题上尤其要确立这个观点。大部分对生态环境造成破坏的原因是来自对资源的过度开发、粗放型使用。如果竭泽而渔，最后必然是什么鱼也没有了。因此，必须从资源使用这个源头抓起。"[①]将节约资源作为保护生态环境的根本之策，必须推动资源利用方式根本转变，大幅降低能源、水、土地消耗强度，发展循环经济，促进生产、流通、消费过程的减量化、再利用、资源化。

　　循环发展就是要推动资源的高效利用、循环利用，促进生产、流通、消费过程的减量化、再利用、资源化，努力做到低消耗、低排放、高效益。发展循环经济，是走新型工业化道路的重要载体，也是从根本上转变经济增长方式的必然要求。它可以有效减少产品的加工和制造步骤，减少由于开采原材料、原材料初加工、产品废弃处理和重新生产所造成的能源消耗和二氧化碳排放。习近平强调："要抓住资源利用

---

① 中共中央文献研究室.习近平关于全面建成小康社会论述摘编［M］.北京：中央文献出版社，2016：167.

这个源头，推进资源总量管理、科学配置、全面节约、循环利用，全面提高资源利用效率。"①党的十八大以来，我国循环经济发展取得积极成效。我国以年均3%的能源消费增速支撑了年均6.6%的经济增长，2021年万元国内生产总值能耗较2012年下降26.4%。2021年，废钢铁、废铜、废铝、废铅、废锌、废纸、废塑料、废橡胶、废玻璃等9种再生资源循环利用量达3.85亿吨②。推动资源循环利用，已经成为保障我国资源战略安全的重要途径。

二、循环经济何以"循环"

循环发展的生产方式旨在建立循环型工业、农业、服务业产业体系，实现生产系统和生活系统的循环链接，形成"资源—产品—废弃—再生资源"的集约型增长模式。因此，建立循环型农业产业体系，需要围绕推广节水、节能、节种、节肥和无公害的先进种植、养殖和灌溉技术，在秸秆综合利用、畜禽粪便综合化利用等方面构建农业循环产业链，推进农业废弃物资源化与无害化利用，降低农业污染，改善农业

① 习近平在中共中央政治局第二十九次集体学习时强调 保持生态文明建设战略定力 努力建设人与自然和谐共生的现代化［N］.人民日报，2021-05-02（1）.
② 《新时代的中国绿色发展》白皮书（全文）［EB/OL］.（2023-01-19）.http://www.scio.gov.cn/zfbps/ndhf/49551/202303/t20230320_707652.html.

生态环境。建立循环型工业产业体系，必须按照企业、行业、园区三个层面进行循环型工业发展，重点加大推进企业清洁生产的力度，加大传统行业的生态化改造，改造传统生产模式，逐步淘汰能耗高、物耗大、污染重的落后工艺和设备，以技术进步促进传统产业的升级换代，构建有利于各类资源最大化循环利用的产业链，促进资源集中配置和循环利用。建立循环型服务业产业体系，必须以旅游业、物流业、商贸业等业态为主，从减少能源消耗、减少环境污染等方面以循环经济的理念组织规划现代服务业的经营活动，努力在服务业生产和消费环节实现"无污染、无公害、保环境、可循环"。

在这个资源循环的过程中，离不开科技创新。科技创新是人类社会发展的重要引擎，不断催生新的发展动能。习近平指出："科学技术从来没有像今天这样深刻影响着国家前途命运，从来没有像今天这样深刻影响着人民生活福祉。"[1]加快发展循环经济，促进制造业结构调整和产业升级，提高资源循环利用效率，离不开科技创新。"十四五"时期，科技部专门设置了"循环经济关键技术与装备"重点研发计划，对解决资源循环利用中的重大科技问题进行系统部署。这就明确当前要加快资源循环利用相关技术和装备研发，不仅要研究生态恢复治理防护的措施，而且要加深对生物多样性等科学规律的认识；不

---

① 习近平.习近平谈治国理政：第3卷［M］.北京：外文出版社，2020：245-246.

仅要从政策上加强管理和保护，而且要从全球变化、碳循环机理等方面加深认识，依靠科技创新破解绿色发展难题，推进人与自然和谐共生现代化。

另外，废旧物资循环利用，也是有效补充生产原材料供应、生活物资供应、缓解资源环境压力的重要举措，是我国发展循环经济的重要内容。实际上，变废为宝、循环利用有光明前景。正如习近平所指出的："绿色循环低碳发展，是当今时代科技革命和产业变革的方向，是最有前途的发展领域，我国在这方面的潜力相当大，可以形成很多新的经济增长点。"[①]

三、循环发展是一个系统工程

将循环发展作为重要的国家战略，需要以全局观的视角统筹系统工程设计，实现重点领域突破，组织社会主体协同联合，推动经济社会全面绿色转型。必须构建资源循环产业体系，统筹产品设计、生产到废弃的不同环节，依次对产品绿色设计、行业清洁生产及园区循环化发展、资源综合利用、废弃物协同处置进行全流程细化分解。构建废旧物资循环利用体系，统筹不同回收利用品级，推进二手商品交易再

---

① 中共中央文献研究室.习近平关于全面建成小康社会论述摘编［M］.北京：中央文献出版社，2016：39-40.

使用、机械设备（零部件）再制造和再生资源加工利用，完善废旧物资回收网络，实现源头回收和末端利用衔接。例如，深化农业循环发展，就需要统筹不同行业产业，通过构建"畜禽、鱼、粮、菜、果、茶协同发展模式""林业循环发展产业链"等方式实现农业系统的闭环链接。通过全面系统布局，打通我国循环经济发展的全链条，实现循环经济产业发展水平提升，充分释放资源利用潜力，为经济社会可持续发展提供资源保障。

推动循环发展，要从各个基础环节做起，在资源开发、资源消耗、废物产生、资源再生等重点环节处处把控。在资源开发环节，统筹规划矿产资源开发，提高资源综合回收利用率；在资源消耗环节，加强对重点行业能源、原材料、水等资源消耗的管理，提高资源利用率；在废物产生环节，要强化污染预防和全过程控制，降低废物最终处置量；在资源再生环节，大力回收和循环利用各种废旧资源，不断完善再生资源回收利用体系。针对垃圾分类等资源循环的"肠梗阻"问题，习近平指出："普遍推行垃圾分类制度。这项工作关系 13 亿多人生活环境改善，关系垃圾能不能减量化、资源化、无害化处理，关系垃圾处理中的'邻避'困局能不能从根本上破解。"[①] 发展循环经济是破解固体废物管理利用的重要手段。要以维护国家生态环境安全和人民群众身体健康为核心，完善固体废物进口管理制度，分行业分种类制定禁止固体废物进口的时间表，分批分类调整进口管理目录，综合运用法律、经济、行政手段，大幅减少进口种类和数量。要积极应对塑料污染，牢固树立新发展理念，有序禁止、限制部分塑料制品的生产、销售和使用，积极推广可循环易回收可降解替代产品，增加绿色产品供给，规范塑料废弃物回收利用，建立健全各环节管理制度，有力有序有效治理塑料污染。

第三节　低碳发展

一、全球气候治理与中国"双碳"战略

21 世纪以来，随着经济的飞速发展，环境问题日益凸显，全球气候变暖问题越来越受到人们的重视。尤其是自 2009 年哥本哈根会议落幕以来，以低能耗、低污染、低排放为基础的"低碳发展"成为世界各国关注的热点。作为一种新的经济发展模式，众多国家已经开始在低碳领域大展拳脚，出台

各种新政策，开发各种新技术，抢占低碳经济市场的制高点。
2020 年 12 月 12 日，习近平在气候雄心峰会上的讲话中指出，
"要大力倡导绿色低碳的生产生活方式，从绿色发展中寻找发
展的机遇和动力"①，为我国建设人与自然和谐共生的现代化指
明了方向。

气候变化是全人类的共同挑战，低碳发展事关全球绿色
未来。应对气候变化，推动减污降碳，关乎中华民族永续发
展，关乎人类前途命运。中国高度重视应对气候变化。作为
世界上最大的发展中国家，中国克服自身经济、社会等方面
困难，实施一系列应对气候变化战略、措施和行动，推进低
碳发展，参与全球气候治理，应对气候变化取得了积极成效。
党的十八大以来，在习近平生态文明思想指引下，中国贯彻
新发展理念，将应对气候变化摆在国家治理更加突出的位置，
不断提高碳排放强度削减幅度，不断强化自主贡献目标，以
最大努力提高应对气候变化力度，推动经济社会发展全面绿
色转型，建设人与自然和谐共生的现代化。2020 年 9 月 22 日，
习近平在第七十五届联合国大会一般性辩论上郑重宣示："中
国将提高国家自主贡献力度，采取更加有力的政策和措施，
二氧化碳排放力争于 2030 年前达到峰值，努力争取 2060 年

---

① 习近平. 继往开来，开启全球应对气候变化新征程：在气候雄心峰会上的讲话 [N].
人民日报，2020-12-13（2）.

前实现碳中和。"①党的二十大报告将"积极稳妥推进碳达峰碳中和"作为绿色发展的重点方向，纳入生态文明建设的总体部署，体现了中国共产党人重诺的品格和践诺的勇气。

低碳发展是服务国家碳达峰碳中和战略全局的自觉行动，是顺应"三新一高"时代背景下绿色低碳发展大势的主动作为。我国始终积极参与区域和全球环境治理，2022年1月17日，习近平在2022年世界经济论坛视频会议的演讲中强调："实现碳达峰碳中和是中国高质量发展的内在要求，也是中国对国际社会的庄严承诺。"②推动低碳发展，实现"双碳"目标，是主动担当大国责任、推动构建人类命运共同体的迫切需要。作为世界第二大经济体，中国主动承担应对气候变化的国际责任，为应对全球气候变化树立了典范，对于全球气候治理具有积极的推动作用和重要的战略意义，展现了我国推动构建人类命运共同体的责任担当。同时，在新一轮工业革命中，最显著的特征是实现碳排放量与经济发展彻底脱钩，这与前三次工业革命有本质区别。伴随我国经济发展进入新常态，由高速增长阶段转向高质量发展阶段，坚持低碳发展，是立足新发展阶段，贯彻新发展理念，构建人与自然和谐共

①　恢宏的世界胸怀，坚定的大国担当：习近平主席出席联合国成立75周年系列高级别会议并发表重要讲话向世界发出中国声音提出中国方案阐明中国立场［N］.人民日报，2020-10-03（1）.

②　习近平.坚定信心 勇毅前行 共创后疫情时代美好世界：在2022年世界经济论坛视频会议的演讲［N］.人民日报，2022-01-18（2）.

生发展新格局的必然选择，有助于推动我国经济高质量发展，提升全球影响力。

二、"双碳"目标下低碳发展的总体考量

习近平指出："中国是世界节能和利用新能源、可再生能源第一大国。"[1]低碳发展立足中国能源资源禀赋，锚定碳达峰碳中和目标，倡导低能耗、低污染、低排放的经济模式，加快构建低碳能源体系、技术体系、产业体系和消费体系，着眼点是清洁低碳、安全高效，核心是最大限度减少温室气体和污染物的排放。气候系统的承载力与生态环境容量是低碳发展的客观基础，实现人与自然和谐共生是低碳发展的基本原则。

就国内来看，长期以来，我国经济虽然保持快速增长，但是粗放型的经济发展模式使其越来越受到资源环境的约束，高污染、高消耗和低产出的发展模式难以维系。而发展低碳经济，就是通过走内涵式、集约型、绿色化的高质量发展之路，改变我国的传统经济发展方式，形成一种集约型经济增长模式，把资源环境压力释放的过程转化为技术进步和产业

---

① 习近平. 习近平谈治国理政：第 2 卷 [M]. 北京：外文出版社，2017：530.

升级的过程，最大限度地提高资源利用效率，改变经济增长对资源和要素大规模、高强度投入的高度依赖，实现可持续发展。近年来，江西省九江市立足生态优势，通过转变农业生产方式，把开发无公害、绿色、有机农产品作为低碳农业的调整方向，大力推广低碳农业发展模式和低碳农业技术，实施农业科技入户工程，把测土配方、精准施肥、增施农家肥、科学用药、生物防治病虫害等无害化生产的先进实用农作技术送到农民手中，实现了经济效益和生态效益双赢，为低碳发展蓄能添力[1]。

另外，作为新的国际经济发展规则，低碳发展与国际贸易问题直接相关，它要求国内产业发展与国际接轨，否则可能面临发达国家的低碳环保等市场准入条件限制，对外贸易持续发展面临较大挑战。低碳发展作为一项长期战略性问题，世界主要国家普遍制定了具体的低碳发展目标与政策措施。通常，低碳目标包括到某一时点的具体减碳目标，以及覆盖近期、中期和长期的目标体系。同时，低碳发展覆盖面广，涉及各个部门、各个行业。所以，低碳目标的顺利实现需要全社会的共同参与和积极推动。要做到这一点，需要遵循市场机制，也就是说，既要发挥政府在节能降碳方面的引导作用，又要确保技术、政策与机制具有经济可行性，才能充分

---

① 绘就人与自然和谐共生美丽画卷：九江市推进生态文明建设的生动实践［EB/OL］.（2021-12-11）. https://www.jiujiang.gov.cn/zwzx/jrjj/202112/t20211211_5337804.html.

调动各种社会力量共同参与其中。

三、低碳发展工作的具体部署

高碳能源结构和高碳产业结构，构成了中国生态环境问题的主要方面。进入全面建设社会主义现代化国家、向第二个百年奋斗目标进军的新发展阶段，我国生态文明建设也相应进入了以降碳为重点战略方向、推动减污降碳协同增效、促进经济社会发展全面绿色转型、实现生态环境质量改善由量变到质变的关键时期。要系统谋划减污降碳路径，构建减污降碳一体谋划、一体部署、一体推进、一体考核的制度机制，强化适合中国国情的减污降碳协同增效顶层设计和政策措施，形成减污降碳协同增效的工作格局。

作为产生碳排放的主要领域之一，能源领域低碳发展具有重要影响。我们要推进能源革命，构建清洁低碳、安全高效的能源体系，立足我国能源资源禀赋，坚持先立后破、通盘谋划；调整能源结构，加快发展非化石能源，建设一批多能互补的清洁能源基地，大力推进煤炭清洁高效利用，实施可再生能源替代行动，着力提高利用效能；积极有序促进光能源、硅能源、氢能源、可再生能源等新能源和清洁能源发展，推动能源技术与现代信息、新材料和先进制造技术深度融合，探索能源生产和消费新模式。

　　碳市场是中国低碳发展、落实碳达峰目标与碳中和愿景的核心政策工具之一。全国碳市场的建立运行与政府管理共同构成了我国应对气候变化工作的"双轮驱动"，既能够将温室气体控排责任压实到企业，又能够为碳减排提供相应的经济激励机制，降低全社会的减排成本，带动绿色技术创新和产业投资，是利用市场机制控制温室气体排放的重大制度创新，更是推动绿色低碳发展的重要引擎，成为促进全社会生产生活方式低碳化、长期化的有效方式。2021 年 7 月 16 日，全国碳市场正式启动上线交易，第一个履约周期纳入 2 162 家发电企业，覆盖了约 45 亿吨二氧化碳排放量，是全球覆盖排放量规模最大的碳市场[①]。福建省厦门市莲花镇军营村曾是厦门最贫困的村庄之一。近年来，村里将增收的目光投向了"固碳作物"——茶树，借着碳汇交易的东风，以"山上戴帽、山下开发"的思路，大力发展绿色农业。在厦门产权交易中心农业碳汇交易平台助力下，通过完成碳汇交易，村集体共实现增收 9 万余元，村民们第一次真切感受到碳汇交易带来的实惠[②]。要继续积极稳妥推进全国碳市场建设，持续完善配

① 启动一年 碳排放配额累计成交量 1.94 亿吨［EB/OL］.（2022-07-22）. http://www.gov.cn/xinwen/2022-07/22/content_5702238.htm.

② 锚定"双碳"目标，推动绿色低碳发展提质增效：2022 年各地区各行业扎实推进碳达峰碳中和工作［EB/OL］.（2023-02-14）. http://www.gxshuixie.com/xgxw/16988.jhtml.

套制度体系，加强对碳市场各环节的监管，在发电行业碳市场运行良好的基础上，逐步扩大覆盖范围，纳入更多高排放行业，逐步丰富交易品种、方式和主体，实现全国碳市场持续健康发展。

作为世界上最大的发展中国家，中国要在实现现代化的过程中走低碳绿色发展之路，这在人类历史上没有先例，需要付出艰苦卓绝的努力才能实现。要立足自身资源禀赋，坚持先立后破、通盘谋划，充分发挥科技创新的支撑引领作用，推动能源消费、供给、技术、体制革命，全面推动并形成绿色低碳的生产方式，确保能源供应，有序推进碳达峰碳中和工作。在新征程中，要时刻铭记生态为民、生态惠民、生态利民的初心使命，完整、准确、全面贯彻新发展理念，坚持资源节约与环境友好，着力于优化调整产业结构，建立完善生态产品价值实现途径，实施绿色金融等扶持政策措施，全面推进各类资源高效集约利用，按照"产业生态化、生态产业化"融合发展的要求，大力发展先进制造业、现代农业、现代服务业。广泛开展绿色创新创业行动，推动形成绿色低碳发展的新格局，切实守护人民群众的"水缸子""米袋子""菜篮子"安全，持续改善城乡人居环境，不断满足人民群众对美好生态环境的需要。

| 第六章 |

人与自然和谐共生现代化的生活方式

　　绿色是流淌在生命洪流中的动力。绿色生活方式是人类在长期实践活动中认识自然、顺应自然所选择的一种与自然和谐共生的生活方式。人与自然和谐共生的中国式现代化，通过平衡自然生态承载力和人类社会需求之间的关系，实现坚守自然生态的边界和底线，促进经济社会永续发展，保障人民群众安居乐业的价值目标。担当起维护自然生态安全边界的责任，让良好生态环境成为人民生活质量的增长点，践行健康文明的生活方式，让人与自然和谐共生现代化插上绿色发展的翅膀。

第一节　担当起维护自然生态安全边界的责任

一、维护自然生态的三种"边界"

自然生态是一个错综复杂的大系统，系统内部的各个要素相互依存，互为依托，如"山水林田湖草沙"，其中任何一个要素和环节受到损害，都会对整体功能的发挥产生十分不利的影响。区分不同系统的底线、各自的功能和它们之间的联系，是解决好人与自然和谐共生问题的关键。

从马克思主义的视角来看，基于"自在自然—人化自然—人工自然"的自然系统统一体思路，自然生态安全边界中的"自然边界"、"发展边界"和"责任边界"，分别对应着人类对于自然生态安全边界的维护责任、发展责任和建设责任。其一，从"自然边界"的角度来说，原始自然的完整性是自然生态安全边界的根本前提，生物圈的海洋、淡水、陆生生态系统的安全构成了维护自然生态安全边界的最基本内容。随着人类社会历史进程和认识领域的不断拓展和深入，自然边界的范围日渐萎缩，但自然边界的性质与规律并没有改变，依然在人类社会发展的各领域发挥着最基本的制约作用。因此，我们需要对自然生态安全边界的客观自然属性、自然规律性有充分的理解。其二，从"发展边界"的角度来看，结合马克思物质变换理论对自然生态安全边界的社会实质的认识，从自然生态安全边界的自然属性到社会属性的转变中，我们需要探究人与自然物质变换关系的严重越界是怎样成为自然生态安全边界问题的。人类文明的历史是人类认识、利用和改造自然的历史，伴随着人类的出现，人与自然的关系便开始进入社会关系领域，人与自然的矛盾也逐渐产生，自然边界越来越多地转化为发展边界。从人化自然的视角出发，自然生态安全边界面临的问题在于人与自然关系的异化，即人类不断压缩与突破自然界限，形成威胁自身生存的生态环境危机，这是一种社会意义的"发展边界"。其三，从"责任边界"的角度来谈，责任边界是从马克思主义人工自然观与实践观出发，深刻思考作为实践主体的人类如何守住自然生态安全边界得到的必然结论。也就是说，自然生态安全边界是人类生产实践必须遵循的责任边界，需要人类积极作为，以人工自然的成就弥补自在自然的缺损。因为人工自然具有显著的实践、改造、创造、建设的性质和特点，促进自然系统的社会进化，是见效较快的人类实践活动和建设行动，也是生态文明进步的重要成果体现。因此，这种原本表征自然存在和规律的自然生态安全边界，会引起从事社会生产和社会生活的人类的察觉与反思，进而转变为对人类生产生活行为进行调整的约束或激励力量，转化为一种自觉的人类责任。

因此，自然生态安全边界实际上是社会意义与人的发展意义上的空间拓展与责任践行。守住自然生态安全边界和底线，既是守住自然生态系统的完整性，又是守住人类社会发展的有形和无形边界，实现人与自然的和谐共生。守住自然生态安全边界和底线，要求人们自觉践行守护责任，在实践中形成人与自然和谐共生现代化的生活方式。

二、树立维护自然生态安全底线的底线意识

人既是生态文明建设的主体，也是守护自然生态安全的主角。实现人与自然和谐共生的现代化目标，需要贯彻落实尊重自然、顺应自然、保护自然的理念，坚守对自然生态系统的守护责任，守住自然生态安全边界；人与自然和谐共生现代化最终所要达到的目的是人类社会的可持续、高质量发展。在经济社会发展领域，自然生态安全边界意味着经济社会绿色发展、长足发展、可持续发展的绿色生命线：如果生态安全风险不能及时消除，最终势必演变为经济社会发展的重大风险隐患。因此，筑牢稳定可靠的生态安全基础，是经济社会实现可持续发展的重要保障。

坚守自然生态安全边界，要着力培养底线意识。习近平强调指出："要善于运用'底线思维'方法，凡事从坏处准备，努力争取最好的结果，做到有备无患，遇事不慌，牢牢把握主动权。"①针对社会发展过程中存在的人的物质需求缺底线、社会伦理道德失底线和人类破坏自然无底线的问题，树立底线思维能帮助我们对可能出现的最坏情况做出充分的预见和准备，进而争取最好的结果。边界意识是底线意识在生态环境治理领域的重要体现，是应对错综复杂的生态环境治理形势的科学方法。作为认识自然生态系统边界及其演变规律、守护自然生态安全的主观前提，树立边界意识，能够更好奠定起完善生态保护与自然资源可持续利用的有形边界体系的基础。在树立边界意识的前提下，进一步完善国土空间规划，减少人类活动对自然空间的挤占，严守生态保护红线，筑牢国家生态安全屏障。

坚守自然生态安全边界，要充分发挥人在社会生产实践中的主体作用。人类作为社会生产实践的主体，决定了自然生态的"底线"。人类的理性认识、深刻自觉、积极行动，决定了人类能够并且应当承担起促进人与自然物质变换、维护自然生态安全边界的责任。我们要贯彻落实党的十八大以来党中央关于生态文明建设的各项战略部署，着眼国家整体经济社会发展结构与模式的转变、社会技术层面的进步，加快

---

① 人民日报社理论部.深入学习习近平同志重要论述［M］.北京：人民出版社，2013：132.

推动生产生活方式绿色转型，增强打赢污染防治攻坚战的决心和信心；切实将绿色发展理念内化于心、外化于行，坚持绿色生活方式，开展绿色生活创建活动，营造爱护环境、保护生态的良好社会风气。

三、守住自然生态安全边界需要精准化策略

各种不同的自然生态系统，都具有自身的特点、独特规律和复杂演变的性质，因此它们对于维持自身的健康运行、维持自身的安全边界有着不同的特定需求。不同的自然生态系统之间存在着差异，我们在探索自然生态系统的边界时，在保护各类生态系统时，也应该采取差异化的方式方法，精准制定针对不同自然生态系统的保护策略。

坚守自然生态安全边界，国家需要明确生态保护红线，保持自然生态功能稳定。目前，我国已初步建立了包括国家公园体制试点区、自然保护区、风景名胜区等在内的各级各类自然保护地体系，各类保护地总数达 1.18 万处。生态红线要将这些整合优化后的自然保护地、生态极度脆弱区域以及国家一级公益林、重要湿地、饮用水源地一级保护区、冰川及永久积雪、红树林、珊瑚礁等重要生态系统都划入其中。在红线区域内，坚守严格保护和严禁开发的原则，统筹做好

山水林田湖草沙系统治理和修复，包括大规模国土绿化、海洋生态修复、荒漠化治理等重大工程，提高生态修复的科学性和有效性，红线内禁止城镇化和工业化活动，让自然生态休养生息，提升自然生态的系统恢复力。同时，也要注重构建和维持生态红线内的生物多样性保护网络，保护濒危动植物资源，维护生态平衡。对红线要实行最严格的生态监管，加强生态保护履职尽责情况监督，建立生态环境破坏问题清单，把生态损害、生态效益等指标纳入经济社会发展评价体系，使之成为保障国家和区域生态安全的重要导向和约束。

坚守自然生态安全边界，要对基本农田进行规划和坚守，确保永久基本农田面积不减、质量提升、布局稳定。"手中有粮，心中不慌。"耕地是我国最为宝贵的资源，是粮食生产的命根子，也是不可或缺的生态资源。要落实最严格的耕地保护制度，毫不动摇地坚守耕地保护红线；全面划定永久基本农田，实行特殊保护，与森林、河流、湖泊、山体等共同形成城市生态屏障，形成城市开发的实体边界，进一步倒逼城市节约集约用地，优化城乡生产、生活、生态空间格局，促进城乡绿色发展；依据耕地现状分布，根据耕地质量、粮食作物种植情况、土壤污染状况，在严守 18 亿亩耕地红线基础上，按照一定比例，将达到质量要求的耕地依法划入永久基本农田，任何单位和个人都不得擅自占用或改变其用途，确保永久基本农田开发利用的可持续性和代际传承。

　　坚守自然生态安全边界，要合理开发并科学规划城镇发展边界。工业化和城市化是推动国家发展现代化的重要环节，但若盲目扩张必然会侵犯自然生态安全边界和底线，比如西方国家在 20 世纪采取的"先污染后治理"发展道路，又比如骇人听闻的"世界八大公害事件"，既使人类生存于其中的大自然千疮百孔，又对人民的身体健康产生极为负面的影响。因此，在生产和生活中，必须对城镇开发边界线进行规划，限制城市的无序蔓延。城镇开发边界作为允许城市建设用地拓展的最大边界，为城市拓展和建设设定了一条硬杠，是不能轻易突破的。城镇开发边界线也是自然生态安全边界的屏障线，对城镇开发建设进行刚性约束，有助于我们保护自然生态安全边界不被侵占。

第二节　让良好生态环境成为人民生活质量的增长点

一、不断满足人民日益增长的优美生态环境需要

　　乐民之乐者，民亦乐其乐；忧民之忧者，民亦忧其忧。习近平指出："'万物各得其和以生，各得其养以成。'大自

然是包括人在内一切生物的摇篮，是人类赖以生存发展的基本条件。大自然孕育抚养了人类，人类应该以自然为根，尊重自然、顺应自然、保护自然。不尊重自然，违背自然规律，只会遭到自然报复。自然遭到系统性破坏，人类生存发展就成了无源之水、无本之木。"①在习近平生态文明思想的指引下，中国式现代化始终注重协调人与自然之间的关系，始终贯穿着相信谁、为了谁、依靠谁、造福谁的问题，把人民放在生态文明建设的主体地位上，生态文明建设呈现出稳中向好的总体态势，对人民群众生活质量的改善起到了"锦上添花"的积极作用。

一方面，良好生态环境是人和社会持续发展的基础，生态文明是人民群众共同参与共同建设共同享有的事业。生态环境的质量直接决定着民生的质量，改善生态环境就是改善民生，破坏生态环境就是破坏民生，必须让人民群众在良好生态环境中生产和生活，让良好生态环境成为人民群众生活质量的增长点。改善生态环境，建设生态文明，突出体现了以人民为中心的发展思想，充分彰显了人民至上的深厚情怀，深刻回答了为了谁、依靠谁、成果由谁共享等根本问题。另一方面，优美的生态环境于人民群众而言，具有十分有价值的审美功能，美丽的自然风光能够使人们心情愉悦、身心舒

---

① 习近平.共同构建人与自然生命共同体：在"领导人气候峰会"上的讲话［N］.人民日报，2021-04-23（2）.

畅。自古以来无数文人墨客描绘秀美的"山水田园",留下众多传诵千古的名篇佳作,比如使人读起来就自然而然在头脑里出现秀丽风光的"采菊东篱下,悠然见南山""水光潋滟晴方好,山色空蒙雨亦奇""日出江花红胜火,春来江水绿如蓝"等等,都形成了我国独特的文化风光和文化宝藏,潜移默化地激发着人们对优美生态环境的向往、对建设"望得见山、看得见水、记得住乡愁"的美丽中国的热情,对推动人的全面发展具有深层次的作用。

政之所要,在乎民心。习近平强调:"既要创造更多物质财富和精神财富以满足人民日益增长的美好生活需要,也要提供更多优质生态产品以满足人民日益增长的优美生态环境需要。"[①]中国共产党始终秉持全心全意为人民服务的宗旨,一切为了人民,一切依靠人民,自党的十八大以来,我国以前所未有的决心和力度推进生态文明建设,集中力量着手攻克群众面对的突出生态环境问题,显著增进了民生福祉。先后打赢蓝天保卫战,下大力气治理水环境污染,多措并举推动农村环境整治等,这些鲜明的举措反映出我们党推动污染防治的措施之实、力度之大、成效之显著,使更多群众身边的环境问题得到有效解决,人民群众对生态环境的满意度越来越高,根据国家统计局的调查统计,2021年人民群众对生态

---

① 习近平.习近平谈治国理政:第3卷 [M].北京:外文出版社,2020:39.

环境的满意度超过了 90%[①]。

可以说，绿色发展符合人民的根本利益，"美丽中国"是人民的最佳归属。优美生态环境作为人类生存和社会持续发展的基础，是人民向往美好生活的重要内容，我国提供更多优质生态产品以满足人民的优美生态环境需要，努力让良好生态环境成为人民生活质量的增长点，切实让人民认识到了养成人与自然和谐共生现代化生活方式的价值底蕴。

二、开创生态惠民、生态利民、生态为民的伟大实践

在满足人民日益增长的优美生态环境需要时，我们党始终坚持生态惠民、生态利民、生态为民，把生态环境的保护和改善当成重大民心工程、民生工程去落实，不断加强对生态环境保护的认识，并持续地推动生态文明建设，一路走来，在污染防治、生物和自然环境保护层面，我国生态文明建设成绩显著。

在污染防治层面，我国环境污染治理的力度持续增强，从 20 世纪水污染治理的大幕拉开，工业污染的综合防治，

---

① 良好生态环境是最普惠的民生福祉［EB/OL］.（2022-10-10）.http://www.forestry.gov.cn/main/72/20221010/085522113555628.html.

"33211"工程开展的大规模重点城市、流域、区域、海域环境综合整治，到新时代我国深入实施大气、水、土壤污染防治三大行动计划，全面展开对蓝天、碧水、净土的保卫战，生态环境质量得到持续改善，人民群众的身体健康得到越来越好的保障，群众满意度不断提升。在生物和自然环境保护层面，从 20 世纪 50 年代第一个国家级自然保护区的正式成立、70 年代三北防护林体系建设工程的启动实施、80 年代全民义务植树活动的开启及一系列重大生态保护工程如天然林的恢复和保护、退耕还林还草等，到新时代以来我国提出保护优先、自然恢复为主的生态方针，实施山水林田湖草沙冰生态保护和修复工程，开展国土绿化行动，划定生态保护红线，加强生物多样性保护，60 多年的时间里，我国建立了近 500 个国家级自然保护区，对野生动植物的保护起到了重要作用，人民群众居于其中的生活家园愈加美丽且充满活力。

具体来说，福建省厦门市筼筜湖防污治污取得重大进展；河南省洛阳市扎实筑牢黄河生态安全屏障，加快黄河生态廊道建设速度，在黄河岸边谱写起岸绿景美惠民的生态幸福篇章；青海省立足流域、系统保护、综合施策，实施草地治理、天然林保护、防沙治沙、湿地保护与修复等一系列生态工程，全面推进青海湖生态一体化保护，当地生物多样性得到有效保障；四川省成都市厚植公园城市生态基础，继续巩固天府的绿色优势，打造以生态文明建设为主题的公园，形成

"景区化、可进入、可参与"的绿色开放空间。这些鲜明的案例恰恰印证了习近平关于生态惠民、生态利民、生态为民的思想。

我国生态文明建设的实践表明，我们党在生态文明建设中始终坚持以人民为中心，将生态惠民作为生态建设的基点，把生态利民作为生态建设的手段，以生态为民作为生态建设的目标，坚持生态建设成果由人民共享，努力守护良好生态环境这个最普惠的民生福祉。

三、绿盈乡村成为人民生活质量新的增长点

伴随着我国加快推进生态文明建设和美丽乡村建设的步伐，以绿色发展引领乡村振兴的成效正不断显现。广大农村地区的生态环境得到了很大的改善，人与自然更加和谐，农村更加宜居，逐渐形成了绿色生产生活方式，人民群众的生活质量明显提高，成功实现从传统向现代的转变，凝聚起推动乡村振兴的强大力量。但同时也面临着一些生活污水、垃圾不断增多等影响农村环境质量的突出问题。进一步改善农村生态环境，需要农村地区的人民群众广泛参与，需要充分发挥他们的主体作用，在建设生态伦理、培养环保意识、养成绿色生活习惯中，实现农业生产、农村建设、乡村生活生态良性循环。

　　培育生态文化底蕴，尊重乡村自身发展规律。在中国传统文化中，蕴含着"不违农时，谷不可胜食也；数罟不入洿池，鱼鳖不可胜食也；斧斤以时入山林，材木不可胜用也""草木荣华滋硕之时，则斧斤不入山林，不夭其生，不绝其长也"等许多生态理念。这些理念，把天地人统一起来、把自然生态同人类文明联系起来，提倡取之有时、用之有度，并在广大乡村地区转化为祖祖辈辈流传下来的符合生态环保理念的乡规民约、行为准则。我们要深入挖掘中华优秀传统生态文化、乡村文化，大力弘扬其生态环保价值，赋予其新的时代内涵，让绿色环保理念成为乡村主流价值；要把农村精神文明建设同传承优秀农耕文化结合起来，同农民群众日用而不觉的共同价值理念结合起来，弘扬敦亲睦邻、守望相助、诚信重礼的乡风民风，大力推进农村现代化建设。

　　普及生态环保知识，做好美丽乡村宣传工作。在加强农村环保基础设施建设的同时，还要提高广大农村居民的生态环保意识。当前，很多农村居民对生态环保知识以及政策法规缺乏了解。因此，我们要加大对污染危害、环境健康、生态保护、环境治理、绿色生活等知识的宣讲力度，加大对国家生态环保政策、生态环保法律法规以及生态环境行为规范等规章制度的宣讲力度，提高生态环保知识的知晓率，引导农村居民在思想上充分认识到保护生态环境的重要性、在行动上自觉履行保护环境的具体职责，引导农村居民适度使用农药化肥、养成垃圾分类习惯，真正把生态环保知识转化为保护环境的能力、转化为绿色生活的习惯。

　　推广绿色生活方式，打造生态宜居社会环境。只有广大农村居民切实把行动落实到日常生活的每一个细节中，真正成为绿色生活的践行者、推动者，才能确保绿色生活方式行之有效；只有广大农村居民树立起主人翁意识，把热爱家乡山山水水、一草一木的深厚感情真正转化为改善农村人居环境的实际行动，改变不环保的生产方式、消费方式，才能推动绿色生活方式更加深入人心。践行绿色生活方式，需要人们自觉地节约资源、杜绝浪费、实施生活垃圾分类，共同营造干净整洁的社会环境、营造舒心美好的宜居氛围。绿色是美丽乡村最耀眼的底色，生态是乡村振兴的优势，在推动乡村振兴的道路上，守住这一底色，发挥这一优势，需要人人践行绿色生活方式，守护绿水青山，留住美丽乡村。

第三节　践行健康文明的生活方式

一、形成健康文明的生活方式

　　党的十九届五中全会将"广泛形成绿色生产生活方式"

作为到 2035 年基本实现社会主义现代化远景目标的重要内容，届时，我国将广泛形成健康文明的生产生活方式，积极推动绿色、低碳、循环、可持续的发展模式，建立起安全高效、清洁低碳的能源体系和经济体系，实现集约高效的生产空间和宜居适度的生活空间，营造山青水碧的生态环境。为此，必须坚持创新、协调、绿色、开放、共享的新发展理念，积极推动绿色发展，促进人与自然和谐共生，推动形成绿色发展方式和生活方式。这种健康文明的发展方式和生活方式不仅追求经济增长，还注重绿色、品质和可持续性等方面的价值追求。

推动形成绿色发展方式和绿色生活方式，是坚持和贯彻新发展理念的必然要求。绿色发展方式涵盖生产方式、产业结构、空间格局、能源结构的绿色化，倡导提供更多优质生态产品，走绿色低碳循环发展之路，以满足人民日益增长的优美生态环境需要。绿色生活方式涵盖文明意识、思维习惯、消费方式、消费结构的绿色化，倡导绿色消费、绿色出行、绿色居住，追求资源节约、环境友好的现代文明生活方式。它们是覆盖供给侧与需求侧、生产端与消费端等的相互作用、相互影响的有机整体，共同发挥着推动资源节约和循环利用、保护和修复生态环境的重要作用。要将绿色化贯穿于经济、政治、文化、社会、生态等各个领域，将绿色化融通于法律制度、价值观念、文化风俗、公民素质等各个方面，推进产业结构、空间结构、能源结构和消费方式的绿色转型，构建约束和激励并举的制度体系、政府企业群众共治的绿色行动体系，真正实现全方位、全地域、全过程的生态环境保护。

健康文明的生活方式极为重要，它能够在满足人类自身需求的同时，充分考虑资源环境承载力来平衡人类社会的需求，从而能够保护自然资源，实现经济社会可持续发展，符合人与自然和谐共生现代化的要求。

二、"健康中国"从理想走进现实

习近平在教育文化卫生体育领域专家代表座谈会上指出："人民健康是社会文明进步的基础，是民族昌盛和国家富强的重要标志，也是广大人民群众的共同追求。"[①]党的十九大提出的实施健康中国战略，是以习近平同志为核心的党中央从长远发展出发作出的一项重要战略安排。它基于人民对美好生活的需要，旨在全面提高人民健康水平、促进人民健康发展，为新时代建设健康中国明确了具体落实方案，也为推进人与自然和谐共生现代化的生活方式提供了重要平台。

人民健康是民族昌盛和国家强盛的重要标志。党的十九

① 习近平.在教育文化卫生体育领域专家代表座谈会上的讲话［M］.北京：人民出版社，2020：8.

大报告指出："中国特色社会主义进入新时代，我国社会主要矛盾已经转化为人民日益增长的美好生活需要和不平衡不充分的发展之间的矛盾。"党的二十大报告进一步强调，要"把保障人民健康放在优先发展的战略位置，完善人民健康促进政策"。作为人民美好生活的最基本条件，"健康优先"意味着将健康纳入所有领域、所有政策，并根据人们的健康需求发展卫生服务。要正确认识健康中国战略的重要作用，将健康理念融入公共政策制定和实施的全过程，坚持健康优先的原则，积极动员医疗医药、环境治理、教学科研等部门共同努力。

保障人民健康，既是经济社会发展的基础条件，也是促进人的全面发展的必然要求，是广大人民群众的共同追求。时刻保障人民健康，是中国共产党的传统优良作风。我们党从成立起，就把保障人民健康同争取民族独立、人民解放的事业紧紧联系在一起。自中华人民共和国成立以来，中国共产党始终坚持全心全意为人民服务的宗旨，把人民权益放在首位，为改善人民健康作出了巨大努力，取得了优异的成绩。尤其是党的十八大以来，以习近平同志为核心的党中央坚持把人民健康放在优先发展的战略地位，确立了新时代卫生与健康工作方针，不断深化医药卫生体制改革，走出了一条中国特色卫生健康事业改革发展之路。2012—2022年，我国人均预期寿命从 74.8 岁增长到 78.2 岁。相关数据显示，我国基本医疗保险参保人数超过 13.6 亿，居民个人卫生支出占卫生总费用比例降至 27.7%，90% 的家庭 15 分钟内能够到达最近的医疗点 ①。

实际上，党的十八大以来，我国高度重视保障人民健康问题。党的二十大报告将"健康中国"建设作为我国 2035 年发展总体目标的一个重要方面，提出要把保障人民健康放在优先发展的战略位置，完善人民健康促进政策，并对推进健康中国建设作出全面部署。正如习近平多次强调的，我国将不断完善国民健康政策，为人民群众提供全方位全周期健康服务，"健康中国"将不断走向现实。

三、践行健康文明的生活方式是一场持久战

健康是美好生活的基本条件，社会需要建立一种健康文明的生活方式。推动全民形成人与自然和谐共生现代化的生活方式，既是促进我国生态环境根本好转的基础，也是实现人民美好生活的题中应有之义。然而，践行健康文明的生活方式并非一朝一夕就能完成的事情，需要系统全面地推进。

---

① 中国这十年·系列主题新闻发布 | 把人民健康放在优先发展的战略地位："中国这十年"系列主题新闻发布会聚焦新时代卫生健康事业发展成就［EB/OL］.（2022-09-07）. https://baijiahao.baidu.com/s?id=1743321397257059150&wfr=spider&for=pc.

随着人民群众多层次多样化健康需求持续快速增长，健康越来越成为人民群众关心的重大民生福祉问题。2016年8月19日，习近平在全国卫生与健康大会上正式提出"大健康、大卫生"理念，改变了我国传统卫生服务的健康内容、工作中心和服务范围，扩大了卫生服务的种类，强化了疾病预防的重要性，调整了健康服务的对象范围，丰富了健康内涵标准。加快提高卫生健康供给质量和服务水平，是适应我国社会主要矛盾变化、满足人民美好生活需要的要求，也是实现经济社会更高质量、更有效率、更加公平、更可持续、更为安全发展的基础。党的十八大以来，党中央把维护人民健康摆在更加突出的位置，召开全国卫生与健康大会，确立新时代卫生与健康工作方针，印发《"健康中国2030"规划纲要》，发出建设健康中国的号召，明确了建设健康中国的大政方针和行动纲领，人民健康状况和基本医疗卫生服务的公平性、可及性持续改善。要进一步普及健康知识，重视重大疾病防控工作，倡导健康文明的生活方式；建立健全健康教育体系，提高全民健康素养；开展城乡环境清洁活动，完善食品安全体系，严守从农田到餐桌的每一道防线。

影响健康的因素复杂多样，因此，建设健康中国，需要打造全方位、全周期的健康保障。政府作为社会管理者和组织者，有必要将所有与卫生有关的工作纳入卫生领域进行统一管理。从影响健康的各种因素入手，尽量减少导致疾病的生存环境因素，是健康中国未来的重要任务。要从广泛的健康因素入手保障人民健康，围绕生命健康、健康服务、健康防护、健康环境、健康产业、支持与保障、组织落实等方面构建整体健康框架，改善人们的生活习惯，提高人们最关心的服务质量，提供健康和安全保证，完善卫生健康体系。

其中，医疗卫生是健康保障的核心，加快医疗卫生体制改革，事关提高整体国民健康的公平性和质量，是建设健康中国的必由之路。党的二十大报告指出，要"发展壮大医疗卫生队伍，把工作重点放在农村和社区"。要健全适应乡村特点、优质高效的乡村医疗卫生体系，让广大农民群众能够就近获得更加公平可及、系统连续的医疗卫生服务；补齐医疗卫生特别是城乡基层医疗卫生公共服务的短板，加强疾病预防控制能力建设，加快构建起强大的公共卫生体系，为维护人民健康提供有力保障。医疗卫生服务是一个既需要公平也需要效率的领域，要科学把握政府与市场在医疗卫生领域的互补优势，深化合作，提高医疗卫生为人民服务的质量和水平。

第七章

人与自然和谐共生现代化的显著优势

现代化是世界人民的普遍追求，是一个社会转型升级的过程。不同于西方国家以工业化带动经济社会变革的资本主义现代化发展道路，习近平多次指出，我国现代化是人与自然和谐共生的现代化，注重同步推进物质文明建设和生态文明建设，坚定不移走生产发展、生活富裕、生态良好的文明发展道路。在 21 世纪，人与自然和谐共生的现代化正呈现出不可比拟的显著优势。我们通过在"制度体系"的顶层设计上高屋建瓴，推动"生态文明和经济发展"双重规划相得益彰，为"建设全球生态保护治理体系"贡献了独特的中国智慧和中国方案。只有深刻领会人与自然和谐共生现代化的意义和价值，矢志不渝地将其贯彻落实，才能在新时代的挺膺担当中将这一显著优势转化为强大的前进动力。

第一节　人与自然和谐共生的
现代化制度体系

一、建设"四梁八柱"的生态制度体系

古语有云：法者，天下之程式也，万事之仪表也。制度建设是生态文明建设的重要内容，也是实现生态文明的重要保障。从这一角度来讲，系统完整的生态文明制度体系本身就是人与自然和谐共生现代化的显著优势之一。党的十八大以来，以习近平同志为主要代表的中国共产党人坚持以人与自然和谐共生为根本理念，建立健全人与自然和谐共生现代化的制度体系，推动美丽中国建设取得历史性成就，发生历史性变革。在习近平生态文明思想的指引下，我们正确把握了人与自然关系，我国生态文明事业实现了伟大变革，这对持续推进中国式现代化产生了深远影响。在此背景下，党中央提出坚持和完善生态文明制度体系，在适应社会主要矛盾变化的同时，深切回应了人民群众对优美生态环境的崭新期待，不断推动人与自然之间关系变得更为融洽，不断推动实现天蓝山青水碧、万物向荣的中国式现代化。

　　具体来看，我国所形成的一系列生态制度，构造起我国生态制度体系的"梁"和"柱"。党的十八届三中全会提出，要健全自然资源资产产权制度和用途管制制度，划定生态保护红线，实行资源有偿使用制度和生态补偿制度，改革生态环境保护管理体制[①]。2015年，中共中央、国务院印发的《生态文明体制改革总体方案》提出，生态文明体制改革的目标是建立自然资源资产产权制度、国土空间开发保护制度、空间规划体系、资源总量管理和全面节约制度、资源有偿使用和生态补偿制度、环境治理体系、环境治理和生态保护市场体系、生态文明绩效评价考核和责任追究制度[②]。这些内容，共同构成了我国生态文明建设的基本制度，体现了党中央推进生态文明建设和生态环境保护的坚定意志和坚强决心。

　　建设生态文明，离不开建章立制；保护生态环境，离不开严格的制度、严密的法治。我国所构建的生态文明制度体系，在具体实践中不断得到完善。例如，我国生态文明体制中源头严防、过程严管、损害赔偿、后果严惩等基础性制度框架初步建立起来；党的十九届四中全会围绕"坚持和完善生态文明制度体系"，进一步指明了"实行最严格的生态环

①　中共中央关于全面深化改革若干重大问题的决定［M］.北京：人民出版社，2013：52-54.

②　中共中央 国务院印发《生态文明体制改革总体方案》［EB/OL］.（2015-09-21）. https://www.gov.cn/guowuyuan/2015-09/21/content_2936327.htm?ivk_sa=1024320u.

境保护制度""全面建立资源高效利用制度""健全生态保护和修复制度""严明生态环境保护责任制度"四个方面的具体要求和努力方向。我们要坚决贯彻党中央关于坚持和完善生态文明制度体系的各项战略部署，在遵守执行和坚持巩固各项制度的基础上，推动生态文明制度体系的进一步完善发展，为形成更加健全的体系持续用力、久久为功。

二、我国生态文明制度体系的价值取向优势

中国特色社会主义生态文明建设的制度体系在实现人与自然和谐共生现代化的宏伟蓝图下逐步建立、健全并加以完善，在价值取向上具有不同于西方国家现代化发展理念的显著优势，分别体现在价值理念、价值立场和价值目标上。

在价值理念上，我国生态文明制度体系牢牢秉持"生态兴则文明兴，生态衰则文明衰"[①]。人类社会发展的历史，实质上也是一部人类与自然、文明与生态交相辉映的关系史。人类文明的蓬勃发展，需要尊重自然、适应自然、保护自然；如果肆意掠夺自然资源、无所顾忌破坏生态环境，人类必将遭受自然的惩罚、文明的衰落。例如，美索不达米亚、希腊、

① 中共中央宣传部，中华人民共和国生态环境部.习近平生态文明思想学习纲要[M].北京：学习出版社，人民出版社，2022：11.

小亚细亚以及其他地区的居民，通过毁灭森林的方式得到耕地，这些耕地最终却逐渐被沙尘掩埋，变成了不毛之地。再比如，近代以来，西方率先走出了一条以工业化带动经济社会变革的资本主义现代化发展道路，虽然在部分国家和地区的实践中显示出巨大的优越性，但对世界各国和各民族而言并不是通用的模式，而且这条道路存在难以消除的弊病。以人与自然和谐共生为价值内蕴的现代化制度体系，站在中华民族文明延续和可持续发展的高度，是对"生态兴则文明兴，生态衰则文明衰"价值理念的有力贯彻，是尊重自然、顺应自然、保护自然的真实体现，是系统化、科学化、规范化的制度体系。

在价值立场上，我国生态文明制度体系始终坚持以人民为中心。党的十八大以来，以习近平同志为核心的党中央继续坚持把以人民为中心的执政理念贯穿到治国理政的全方面，在坚持绿色发展问题上始终心系人民群众的生态利益，在生产和生活中尽可能地维护人与自然二者间的平衡关系，把生态效益和经济效益作为评价党执政能力的价值标准，在政治和生态之间建立起实现社会和谐的桥梁。种种把人民放在首位的举措也真正获得了人民的认可和支持，随着人们获得感、幸福感、安全感的不断提升，我国生态保护和环境治理的道路将会越走越顺，这是一条牢牢依靠人民的"康庄大道"，必然通向人与自然和谐共生的现代化。区别于西方忽视人权的价值立场，我国在建立健全生态文明制度体系的过程中坚持以人民为中心，坚持群众路线，秉持"从群众中来，到群众中去"的原则，充分听取群众意见，制定生态文明制度，保证群众充分享有参与生态文明制度建设的发言权等各项权利，坚持生态惠民、生态利民、生态为民，是充分合民心、促发展的。

在价值目标上，我国生态文明制度体系不断追求"人与自然和谐共生"。人与自然之间的关系是人类自诞生起就存在的永恒话题，随着近代工业文明的兴起，人与自然的关系逐步呈现出彼此分离且相互对立的特征。中国共产党人汲取了近代发展的教训，在弘扬马克思主义生态文明理论、弘扬中华优秀生态文化的基础上，不断深化对人与自然关系的认识，建构起人与自然之间的平等正义秩序，打破了人与自然"分离—对立"的结构。人与自然和谐共生的理念和目标，转化为每个中国人行动的信念，转化为每个中国人的具体行动，影响并推动着人们形成"尊重自然、顺应自然、保护自然"的道德态度，生成既对自己负责亦对自然负责的行为方式。作为新时代坚持和发展中国特色社会主义的基本方略之一，"人与自然和谐共生"是坚持和完善生态文明制度体系的价值目标，在中国共产党的坚强领导下、在中国人民的接力奋斗下，我们必然会实现这个目标，推动"人与自然和谐共生"跃升到新的高度。

三、我国生态文明制度体系开启人与自然关系新局面

我国生态文明制度体系实现了代内利益和代际利益的有机统一。《吕氏春秋》指出："竭泽而渔，岂不获得？而明年无鱼。焚薮而田，岂不获得？而明年无兽。"中华民族历来在利用自然资源时强调取之以时、取之有度，重视资源的持续利用。不论是建立以国家公园为主体的自然保护地体系，还是推行草原森林河流湖泊湿地休养生息，中国式现代化高度重视代内利益和代际利益的统一，以实现世代传承为根本目标，不以牺牲后代人发展利益换取当代高速发展，注重维护最广大人民群众的根本利益，时刻反映着马克思主义的价值立场。当前，中国的生态环境已经发生历史性、转折性、全局性变化，生态产品的数量和质量不断提升，正不断满足当代人民和后代人民日益增长的美好生活需要。

我国生态文明制度体系推动着社会生产力与生态生产力的相互转化。社会生产力与生态生产力都属于生产力，共同构成了推动社会发展的根本动力。生态生产力也是社会生产力的重要源泉，人类通过不断认识生态生产力，并逐步将其转化为社会生产力，推动社会生产力的进步，同时不断深化、

拓展着人类的认识和实践。在传统的生产过程中，"生产力"意味着不可再生资源的大规模消耗，折射出生态环境的高度污染。正是缘于人类对生态生产力的片面认识，才导致了生产的非生态性和不可持续性。而人与自然和谐共生的现代化，建立在当代自然生态系统认知成果的基础上，以生态生产力推动经济社会的绿色化转型发展。它既是对传统生产过程的扬弃，遵从自然—社会—经济符合生态系统运行的客观规律，实现了从数量型增长到质量型发展，也带动了人类认识方式、实践方式、价值观念的深刻变革，不断实现着社会的生态化。

我国生态文明制度体系诠释了国家发展与世界发展的相融相伴。习近平强调："建设生态文明关乎人类未来。国际社会应该携手同行，共谋全球生态文明建设之路，牢固树立尊重自然、顺应自然、保护自然的意识，坚持走绿色、低碳、循环、可持续发展之路。"[1] 生物多样性丧失、气候变化和环境污染三大全球性危机为人类生存和发展带来严峻挑战，应对已有的和潜在的生态威胁是人类共同的事业。中国坚持正确的义利观，自觉履行国际义务，积极投身全球环境治理，是全球生态文明建设的重要参与者、贡献者、引领者。我国生态文明建设事业得益于全球化的迅速发展，也必将反哺于全球化。在实践中，我国通过政府主导顶层设计并推动生物多样性保护，创新生态保护、环境治理方式，加大生态漏洞的修复力度，协同推

---

① 习近平. 习近平谈治国理政：第 2 卷 [M]. 北京：外文出版社，2017：525.

进减贫与可持续发展、社会共同参与等机制，为第三世界国家展现了环境保护与经济发展共赢的现代化道路，并为共谋全球生态文明之路、共建地球生命共同体贡献了中国智慧。

人与自然和谐共生的现代化制度体系不断得到巩固和完善，绿色发展日益成为发展的普遍形态，我们的祖国天更蓝、山更绿、水更清。如今，我国已经成为世界上空气质量改善最快的国家，全国地表水优良断面比例接近发达国家水平，全国土壤污染风险得到有效管控，人工林面积居世界首位，人民群众的生态环境获得感、幸福感、安全感不断增强。进入新时代以来的这一系列伟大成就的取得，进一步印证并增强了人与自然和谐共生现代化制度体系建设的历史自信和战略定力，为把我国建成富强民主文明和谐美丽的社会主义现代化强国奠定了坚实基础。

第二节　生态文明和经济发展相得益彰的新路

一、生态治理与经济发展的辩证法

2021 年 4 月 30 日，习近平在主持十九届中共中央政治局第二十九次集体学习时强调："生态环境保护和经济发展是辩证统一、相辅相成的，建设生态文明、推动绿色低碳循环发展，不仅可以满足人民日益增长的优美生态环境需要，而且可以推动实现更高质量、更有效率、更加公平、更可持续、更为安全的发展，走出一条生产发展、生活富裕、生态良好的文明发展道路。"①习近平的这番论述厘清了社会主义生态文明建设和经济长远健康发展之间的关系，为我国在建设社会主义现代化强国的进程中正确协调生态保护和经济发展的关系、努力发展绿色生产力指明了方向、提供了准则。

一方面，"绿色发展"实现了生态治理与经济发展的有机平衡。"绿色发展"不仅蕴含着生态治理价值，同时也蕴含着经济增长价值。它既是重要的价值判断和价值定位，也深刻凸显出鲜明的价值追求，指引着我们正确认识并科学协调生态治理与经济发展的辩证关系。"绿水青山就是金山银山"这一经典表述，揭示了绿色生产力作为先进生产力，能够成为推动社会发展的基本动力。它开辟了经济增长的新模式，开辟了生态效益转化为经济效益的新模式。良好的生态环境是经济发展的重要推动力量，保护生态环境与保护生产力是一致的，改善生态环境与发展生产力亦是一致的。人与自然和谐共生意味着生态效益与经济效益的统一，意味着自然界欣

---

① 习近平在中共中央政治局第二十九次集体学习时强调 保持生态文明建设战略定力 努力建设人与自然和谐共生的现代化 [N].人民日报，2021-05-02（1）.

欣向荣与人民不断增长的物质需求满足的统一。它不同于资本主义社会的肆无忌惮、只追求物质财富而无视自然界的死活，也不同于前资本主义社会的无所作为、盲目敬畏自然而导致无法满足人类自身的需要，它彻底打破了过去的固有思维，打破了将经济增长与环境保护对立起来的做法，实现了经济增长与环境保护的相互协调、相互促进，成功践行了人与自然双赢的经济增长模式，找到了对人类社会可持续发展具有普遍性意义的生产模式和推动力量。正是在此基础上，我国走出了一条生态文明和经济发展相得益彰的新路。

另一方面，"可持续发展"彰显了生态治理与经济发展的共通指向。进入工业时代以来，生产力快速发展、物质财富迅速积累起来，人们过于重视经济发展与经济繁荣，却忽视了生态治理和环境保护。这导致了人类代际关系的紧张状态，代际公平问题、新的代际价值观分歧越来越突出。"可持续发展"超越了只顾眼前利益和当代人利益的错误选项，秉持着对后代负责的原则和态度，充分评估自身行为的后果。正是在坚持可持续发展的基础上，我们综合平衡了生态治理与经济发展的关系，在明晰发展目标的同时，确定了合理的经济增长速度，作出了最佳战略选择。为了促进经济发展与生态环境相协调，实现可持续发展，我们明确规划和合理利用自然资源，确保其能够最大限度地满足国家的经济发展需求，同时不过度损耗和破坏环境，促进自然资源的可持续利用，有效避免了不可逆转的生态破坏。

二、生态文明与经济发展结合的核心要求

在搞清楚二者的互动关系，或者说明确二者"能够"有机结合的基础上，我们接下来要探讨的问题是，二者是"如何"有机结合起来的。或者说，生态文明与经济发展得以有机结合从而实现绿色、可持续发展的关键点是什么？

一是提升生态环境保护水平。要在发展过程中兼顾生态保护，通过科学规划国土空间的开发，明确城市、农业和生态用地的范围，并制定生态保护红线，以确保资源的合理利用和环境的有效保护。同时也要强化对开发活动的管控，以控制开发强度，避免对生态系统造成过度压力。通过积极推进生态修复和保护工程，包括大规模的造林绿化项目、退耕还林还草工程以及城市规划区湿地建设等措施，形成具备丰富森林植被和清洁水质的生态防护带，改善生态系统的稳定性，筑牢生态保护屏障。

二是培育绿色产业发展动力。要坚持新发展理念，将供给侧结构性改革与绿色产业的培育结合起来，以创造新的动力来推动经济升级。培育壮大节能环保产业、清洁生产产业、清洁能源产业，发展高效农业、先进制造业、现代服务业。

加强保护和合理利用自然资源，加大对可再生能源、清洁能源和环保技术的支持，推动绿色交通、清洁能源生产及清洁生产技术的广泛应用，鼓励企业进行绿色创新和转型，加强废弃物处理和循环经济的实践，提高资源利用效率和环境质量。

三是创新生态环境保护制度。构建产权清晰、多元参与、激励约束并重、系统完整的生态文明制度体系，把生态文明建设纳入法治化、制度化轨道。坚持系统观念，构建山水林田湖草沙冰系统保护与综合治理制度体系；着眼人民群众关切的突出环境问题，构建绿色制造体系和服务体系；推动有效市场和有为政府更好结合，构建环保信用监管体系；加强科技支撑，构建美丽中国数字化治理体系；把生态环境风险纳入常态化管理，构建全过程、多层级生态环境风险防范体系。

四是延伸绿色生态惠民范围。在追求生态与经济协调发展的新道路上，核心目标是提供更多高品质的生态产品，让人民群众能够享受绿色生活的福祉。要推动园林城市建设、地下综合管廊建设以及绿色交通基础设施建设等重点项目，改善城市环境，提高生活质量；创建整洁美丽、和谐宜居的新农村，改善农村居民的生活环境，创造更多的绿色创业和就业机会；挖掘和传承历史上重视生态保护的民间故事、乡规民约等文化元素，积极宣传、教育和推广中华优秀传统生态文化，推动其创造性转化和创新性发展,以促使更多人深刻理解绿色发展理念,感受到绿色发展所带来的幸福感和获得感。

绿水青山就是金山银山,发展生态就是发展经济。党的十九大报告提出要建立和完善绿色低碳循环经济体系,党的二十大报告进一步强调"推动经济社会发展绿色化、低碳化是实现高质量发展的关键环节",这是中国基于基本国情、国际大势和第二个百年奋斗目标作出的战略选择,对我国未来的可持续发展、顺应国际趋势潮流以及实现中华民族伟大复兴具有极为重要的战略意义。

第三节 建设全球生态保护治理体系的中国智慧

一、全球生态保护面临一系列现实挑战

生态安全已成为全球各国共同追求的利益,中国积极参与全球生态保护治理,也是在当下和未来维护自身发展利益的重要选择。工业革命前,人类社会不具备形成生态安全共同利益的主客观条件,大多数国家和地区联系松散,以自给自足的自然经济为主,社会发展水平较低,农业、畜牧业、手

工业等生产生活方式对生态环境的影响有限。虽然激烈的局部战争和武装冲突在这一过程中不断发生，但通常不足以从根本上摧毁大自然固有的自我调节和自我恢复能力。进入工业社会后，人与自然的关系由适应转变为掠夺，并日益紧张、无序甚至对立。环境恶化和生态危机日益严重，威胁着全人类的生存和发展。人类只有一个地球，各国共处一个世界。地球是人类共同的家园。它是迄今为止人类唯一的家园。保护地球生态环境，就是维护人类共同的家园，是人类生存、繁衍、发展的最大共同利益。生态安全不仅是各国的共同利益，也是全球性安全问题，《联合国气候变化框架公约》《生物多样性公约》等重要全球环境治理文件都将其视为"人类共同关切"。共同关切是那些超越单一国家边界，需要集体行动来回应和解决的问题。无论是个人、家庭、民族还是国家，生态环境好，人人受益，生态环境恶化，谁也不能独善其身。这就要求国际社会每一个成员都要着眼长远、顾全大局，以人类社会利益为根本，切实体现保护生态安全的责任担当，携起手来，各尽所能。

全球生态治理体系的运作效率亟待提升，中国积极参与全球生态保护治理有助于提高治理效率，提升治理效能。近几十年来，在国际社会的共同努力下，全球生态治理体系不断完善，治理水平和治理效果不断提高。然而，全球生态危机和环境恶化并未得到有效遏制，以联合国为核心的全球生态治理体系面临越来越大的压力和挑战。第一，当前全球生态治理模式严重不匹配生态环境问题的现实，生态环境问题的参与者仍然由国家主导，治理的意愿、技术和财力受到自身发展阶段和水平、地缘政治和经济关系等因素的极大制约。特别是全球产业链和供应链进入重组期，生态危机的影响正随着国际分工的变化呈梯度转移。第二，现有全球生态治理机制效率低下，无力应对生态环境危机。以气候变化为例，当前全球气候治理机制主要体现为联合国框架下的国际气候合作，其最新成果是《巴黎协定》及其相关安排。但这一机制存在遵守和执行机制缺失、约束力弱、美国等大国贡献不足等内在缺陷，这些缺陷可能导致无法实现既定目标，甚至会造成当前国际气候合作进程的停滞和中断，对全球气候治理产生严重的负面影响。

因此，"构筑尊崇自然、绿色发展的生态体系"[1]，"追求人与自然和谐、追求绿色发展繁荣、追求热爱自然情怀、追求科学治理精神、追求携手合作应对"[2]，这些"中国智慧"是构建人类命运共同体理念的必然要求；"绿色发展，就其要义来讲，是要解决好人与自然和谐共生问题"[3]，这一论断体现了习近平生态文明思想关于人、人类社会和自然之间关系实质的深刻见解。构建人类命运共同体是建立在普遍联系的认

[1] 习近平.习近平谈治国理政：第3卷［M］.北京：外文出版社，2020：364.
[2] 中共中央宣传部，中华人民共和国生态环境部.习近平生态文明思想学习纲要［M］.北京：学习出版社，人民出版社，2022：100.
[3] 同[2] 51.

识论基础上的，这也符合国际社会共同行动起来，加强全球生态治理合作的号召，因为"每个人都是生态环境的保护者、建设者、受益者，没有哪个人是旁观者、局外人、批评家，谁也不能只说不做、置身事外"①。

中国牢牢坚守全球立场，不断深化全球视野，加快推进生态文明建设。中国把应对气候变化融入国家经济社会发展中长期规划，坚持减缓和适应气候变化并重，承诺将于2030年左右使二氧化碳排放达到峰值并争取尽早实现。中国在推进国内生态文明建设的同时，深度参与全球气候治理，积极参与应对全球气候变化谈判，积极承担与我国基本国情、发展阶段和实际能力相符的国际义务，把绿色发展转化为新的综合国力和国际竞争新优势。这充分体现出中国共产党对中国人民、世界人民高度负责的生态态度和生态担当，也必将不断推动形成公平合理、合作共赢的全球气候治理体系，进一步助力世界绿色发展、维护全球生态安全。

二、全球生态保护治理体系中的中国智慧

在国际社会中，中国作为共同建设全球生态文明的积极

① 习近平.习近平谈治国理政：第3卷［M］.北京：外文出版社，2020：362.

倡导者，始终强调世界各国应摒弃零和博弈的传统思维，敦促经济发达国家承担起生态治理责任，履行各自的减排义务，用资金、技术和经验支持发展中经济体建设绿色、低碳、循环且可持续发展的生态文明，提出以"人类生态命运共同体"为主题，以"一带一路"倡议为纽带，全力推进全球生态环境治理与合作。

第一，形成新的全球治理观，践行共商共建共享原则。习近平指出："这个世界，各国相互联系、相互依存的程度空前加深，人类生活在同一个地球村里，生活在历史和现实交汇的同一个时空里，越来越成为你中有我、我中有你的命运共同体。"[①]中国积极推动构建人类命运共同体，一以贯之践行共商共建共享原则。这也是在沿线国家开展国际合作依据的基本原则，有助于推动各国基于共同利益处理公共问题，共商共建共享原则正更多地应用于全球生态治理合作等国际事务领域。世界命运应该由各国共同掌握，国际规则应该由各国共同书写，全球事务应该由各国共同治理，发展成果应该由各国共同分享。具体来讲，共商就是集思广益，事情大家商量着办，能够充分发挥各国的智慧；共建就是坦诚相待、各显神通，促使优势互补、团结共进的局面形成；共享就是让各国人民切实、普遍享受经济社会进步的成果。这一新的

---

① 习近平.习近平谈治国理政：第 1 卷 [M].北京：外文出版社，2018：272.

全球治理观从根本上超越了世界不同国家和地区在社会制度、意识形态、发展模式、历史文化等方面的差异，坚持了国家主权平等原则，反对以大压小、以强凌弱、以富欺贫，反对霸权主义、单边主义、强权政治，顺应了冷战后国际关系民主化、全球治理体系现代化的时代发展趋势。

第二，厚植治理与合作环境，完善全球生态治理合作机制。除加入国际性绿色环保组织外，中国还依托金砖国家组织、东盟—中日韩环境部长会议、中非合作论坛会议、高层对话等方式来加强全球生态治理与合作。作为主席国，成功举办《生物多样性公约》第十五次缔约方大会（COP15），达成兼具雄心和务实平衡的"昆明—蒙特利尔全球生物多样性框架"，得到国际社会广泛赞誉。与众多国家、国际组织及区域组织签署生态环保合作文件，有效地推动了国家间绿色投资、绿色贸易、绿色金融等事业的发展。同时，转变治理思路，强化国家间、区域间生态治理项目合作与培训，实施绿色丝路使者计划等项目。此外，中国还大力搭建合作治理平台，举办生态文明国际论坛。例如，作为我国目前唯一以生态文明为主题的国家级、国际性高端峰会，"生态文明贵阳国际论坛"自创办以来就致力于汇聚政府、商界、学界、媒体、民间及其他各界人士开展交流与合作，传播生态文明理念，分享知识与经验，为全球跨领域、跨行业、跨部门生态合作提供桥梁，形成国际、地区、产业的议程，共商解决全球生态问题的方案，为中国"讲好生态建设故事，传播好生态建设声音"提供了场域，也为共谋全球生态文明建设搭建了重要平台。

第三，提供中国方案，共享中国智慧。世界怎么了？我们怎么办？这是整个世界都在思考的问题。中国给出的方案是：构建人类命运共同体，实现共赢共享。在日趋复杂的国际环境中，中国如同一股清流，始终坚持以构建人类命运共同体作为共谋全球生态文明建设的终极指向。面对生态危机等一系列全球性问题的挑战，中国站在全人类共同利益的高度，明确提出共同推进构建人类命运共同体的伟大进程作为寻求破解之道的路线图。习近平强调，国际社会要从伙伴关系、安全格局、经济发展、文明交流、生态建设等方面作出努力。坚持对话协商，建设一个持久和平的世界。坚持共建共享，建设一个普遍安全的世界。坚持合作共赢，建设一个共同繁荣的世界。坚持交流互鉴，建设一个开放包容的世界。坚持绿色低碳，建设一个清洁美丽的世界[①]。

第四，秉持正确义利观，促进国际公平正义。在推动构建人类命运共同体的进程中，在对外开放的交往实践中，中国一以贯之地倡导正确的义利原则。2013 年 3 月，习近平在访问非洲期间明确阐释了义利兼顾、义重于利的正确义利观。

---

① 习近平.习近平谈治国理政：第 2 卷 [M].北京：外文出版社，2017：541-544.

义，反映的是共产党人、社会主义国家的理念，即希望全世界共同发展，特别是希望广大发展中国家加快发展；利，就是要恪守互利共赢原则，不搞我赢你输，要实现双赢。以正确义利观作为价值准则是破解全球生态治理长期困境之道。国际社会中，一些国家出于一己之私，竭力逃避，拒绝承担生态治理的历史责任和现实义务，即使在生态环境危机迫在眉睫时，也仍推卸责任，寄希望于依靠他人采取行动，为自己谋取利益。中国奉行以人民为中心的人权理念，把生存权、发展权作为首要的基本人权，在此基础上加强环境保护力度，积极完善生态治理和生态文明体系，统筹推进经济发展、民主法治、思想文化、公平正义、社会治理、环境保护等建设，促进人的全面发展。

第八章

人与自然和谐共生现代化的崭新样板

　　美丽中国建设目标的提出，是中国共产党从现实情况出发，在正确分析我国的基本国情后作出的重要战略抉择，对推动经济社会发展有重要支撑作用。进入新时代，面对社会主要矛盾的转变、严峻的环境形势，加强美丽中国建设、构建人类文明新形态，不仅具有科学意义，而且具有时代意义。正如习近平所言："人不负青山，青山定不负人。生态文明是人类文明发展的历史趋势。"[①]我们要坚持人与自然和谐共生的方略，坚持绿水青山就是金山银山的理念，形成绿色发展方式与生活方式。这对推进我国生态文明建设进程、满足人民对美好生活的追求、实现中华民族永续发展以及解决全球生态问题有着重要的现实意义。

---

① 习近平在《生物多样性公约》第十五次缔约方大会领导人峰会上的主旨讲话（全文）[EB/OL].（2021-10-12）. https://www.gov.cn/xinwen/2021/10/12/content_5642048.htm.

第一节 "美丽中国"创建助推社会主义现代化强国建设

一、从"绿化祖国"到"美丽中国"的积极探索

新中国成立以后，以毛泽东同志为主要代表的中国共产党人提出了"绿化祖国"的号召。1956 年提出的《一九五六年到一九六七年全国农业发展纲要（草案）》就明确提出，要绿化一切可能绿化的荒地、荒山。改革开放以后，我国颁布了《环境保护法》，使环境保护步入法治轨道。1983 年召开的第二次全国环境保护会议，正式把环境保护确定为我国的一项基本国策。1984 年，国务院发布《关于环境保护工作的决定》，指出"保护和改善生活环境和生态环境，防治污染和自然环境破坏，是我国社会主义现代化建设中的一项基本国策"。1997 年，党的十五大进一步明确将可持续发展战略作为我国经济发展的战略之一。2007 年，党的十七大第一次使用了"生态文明"的概念，明确指出，必须坚持全面协调可持续发展，坚持生产发展、生活富裕、生态良好的文明发展道路，建设资源节约型、环境友好型社会，实现速度和结构

质量效益相统一、经济发展与人口资源环境相协调，使人民在良好生态环境中生产生活，实现经济社会永续发展。

党的十八大到党的二十大期间，我国出台了《关于加快推进生态文明建设的意见》《生态文明体制改革总体方案》等有关生态文明和环境保护的具体改革方案；各地结合实际推出实施办法，生态文明建设的制度日臻完善，生态文明建设具有顶层设计意义的"四梁八柱"日益完善。十年来，以习近平同志为核心的党中央，坚定不移地把生态文明建设放在突出地位，融入经济建设、政治建设、文化建设、社会建设各方面和全过程，使生态文明建设成为一场全方位、系统性的宏大变革。这十年也成为我国生态文明建设力度最大、举措最实、推进最快、成效最好的时期，"美丽中国"正在并将继续不断地在我们身边成为现实。

从保护到修复，着力补齐生态短板。我国用 40 多年的时间走过了西方发达国家 300 多年的发展历程，环境的破坏不可避免，但我们在高速发展阶段就能意识到生态在人类文明发展中的重要性，避免再走"先污染后治理"的弯路，提高了可持续发展能力。党的十八大以来，以习近平同志为核心的党中央牢固树立保护生态环境就是保护生产力、改善生态环境就是发展生产力的理念，着力补齐一块块生态短板。就修复效果来看，截至 2022 年，我国森林面积 2.31 亿公顷，森林覆盖率达 24.02%，草地面积 2.65 亿公顷，草原综合植被

盖度达 50.32%^①。十年来，我国空气质量发生历史性变化，与
2015 年相比，2021 年全国地级及以上城市 PM2.5 平均浓度
下降 34.8%，优良天数比例达到 87.5%，提高了 6.3 个百分点；
我国水环境质量发生转折性变化，地表水Ⅰ至Ⅲ类断面比例
提升了 23.3 个百分点，上升至 84.9%，接近发达国家水平；
我国正式设立了三江源等第一批 5 个国家公园，有效保护了
90% 的陆地生态系统类型和 74% 的国家重点保护野生动植物
种群；通过实施生物多样性保护重大工程和濒危物种的拯救
工程，划定了 35 个生物多样性保护优先区域，112 种特有珍
稀濒危野生动植物实现了野外回归^②。

从制度到实践，绿色发展提速增效。求木之长者，必固其
根本。党的十八大以来，生态文明建设顶层设计性质的"四梁
八柱"日益完善。2015 年 4 月，中共中央、国务院印发《关
于加快推进生态文明建设的意见》，明确了生态文明建设的总
体要求、目标愿景、重点任务、制度体系。同年 9 月，《生态
文明体制改革总体方案》出台，提出健全自然资源资产产权制
度、建立国土空间开发保护制度、完善生态文明绩效评价考核
和责任追究制度等。十年来，我国落实了"史上最严"的环保

① 2022 年中国国土绿化状况公报［EB/OL］.（2023-03-20）.https://www.gov.cn/xinwen/
2023-03/20/content_5747510.htm.
② 图表：推动绿色发展 建设美丽中国："中国这十年"系列主题新闻发布会聚焦新时
代生态文明建设成就［EB/OL］.（2022-09-16）.https://www.gov.cn/xinwen/2022-09/16/
content_5710182.htm.

法规和执行力度，修订了《大气污染防治法》《水污染防治法》
《固体废物污染环境防治法》等，全面实施了天然林保护工程、
退耕还林还草工程、"三北工程"。从理念到实践成效，我国经
济社会发展迈向更高端。从"大地披绿"到"身边增绿"和
"心中播绿"，中国人民的"绿色"获得感不断增加。

二、"美丽中国"的丰富意蕴

　　"美丽中国"并非单纯指称天蓝、地绿、山青、水净的自
然生态环境，而是由包括可持续发展、绿色发展和人民生态
幸福要素在内的多种元素共同构成的。"美丽中国"的"美丽"
是多层次的、全方位的美，也是超越了自然意义和直观感受
的"内在美"和"外在美"的统一。

　　美丽中国，蕴含着优美宜居的生态环境之美。建设美丽
中国，环境之美是重要任务和目标。从一定意义上说，建设
美丽中国就是建设天蓝、地绿、山青、水净的生态环境，达
到人与自然、人与自身和解，最终实现人与自然和谐共生的
生态文明理念。人类是自然界的一部分。每一个人的生存发
展，都离不开自然生态系统的平衡与良性运行。同时，人具
有主观能动性，能够在遵守自然规律的基础上和范围内改变
自然，满足自身的内在需要。因此，要牢牢把握广大人民的

"生态幸福"，把人人向往的蓝天、白云、青山、绿水作为开启"美丽中国"的幸福密钥。

美丽中国，蕴含着追求至善的人文环境之美。美丽中国建设离不开环境美，更离不开人美。如果人与人之间的信任度很低，因竞争关系导致人情越来越淡漠，贫富分化不断加剧，民众的道德底线不断失守，精神生活日益迷茫和虚无，那整个社会就不是美丽的，而是充满尔虞我诈、钩心斗角。当前，我国正处于社会转型期，无论是现实的社会生活形态，还是作为社会生活之规制与导引的正式制度与非正式制度，都处于迅速变革之中。如果人文环境呈现诚信缺失、人际生疏的状态，受个人行为和态度的制约，则很难实现生态可持续发展的目标。因此，人的道德性、责任性担当对于实现自然美、人美的生存结构样态至关重要，美丽中国建设需要营造一个充满正义、信任的人文环境。

美丽中国，蕴含着文明和谐的社会环境之美，因为人"不仅生活在自然界中，而且生活在人类社会中"①。人的活动具有社会性，如果没有全社会齐心协力为生态文明建设作出的努力，"美丽中国"就无从实现。文明和谐的社会环境之美是美丽中国建设的基石和保障。这一方面表现为经济社会发展与人口、资源、环境的和谐，使发展既满足当代人的需要，又不对后代人的发展构成威胁，实现代内公正和代际公平；

---

① 马克思，恩格斯．马克思恩格斯文集：第4卷［M］．北京：人民出版社，2009：284．

另一方面，又表现为人与人之间的地位平等、相互尊重，这就需要缓解不同社会阶层由于拥有社会资源的差异而导致的利益冲突，充分保证社会弱势群体能够平等表达对生态环境的利益诉求，保证他们积极参与环境治理的权利。

"美丽中国"是一个经济、政治、文化、社会、生态建设综合发展的目标。其中，最外层是优美宜居的生态环境之美，第二层是追求至善的人文环境之美，第三层是文明和谐的社会环境之美。只有在这三层现代化意蕴的基础上，"美丽中国"才能够真正解决人的发展与生态环境及资源承载力之间的矛盾，实现经济社会的健康发展。

三、"美丽中国"是新时代中国特色社会主义强国建设的重要目标

"美丽中国"是对中国未来发展特别是生态文明建设目标的诗意表达，也是既要金山银山也要绿水青山的生动体现。

美丽中国建设突出了发展的整体性和协同性。党的十八大报告提出，努力建设美丽中国，实现中华民族永续发展。这标志着中国特色社会主义建设从"四位一体"进一步拓展为"五位一体"。党的十九大报告进一步提出，加快生态文明体制改革，建设美丽中国，并且提出从 2035 年到 21 世纪

中叶，在基本实现现代化的基础上，再奋斗 15 年，把我国建成富强民主文明和谐美丽的社会主义现代化强国。从整体上来看，富强民主文明和谐美丽是一个具有内在紧密联系的有机整体，共同推进新时代中国特色社会主义强国目标的实现。习近平在党的十九大报告中明确指出社会主义现代化强国的内涵是"我国物质文明、政治文明、精神文明、社会文明、生态文明将全面提升"[①]，十三届全国人大一次会议表决通过的宪法修正案将这一目标载入国家根本法，党的二十大报告再次强调了 2035 年"美丽中国目标基本实现"、21 世纪中叶"把我国建成富强民主文明和谐美丽的社会主义现代化强国"的"两步走"战略安排，进一步凸显了建设美丽中国的重大现实意义和深远历史意义，进一步深化了我们党对社会主义建设规律的认识，为建设美丽中国、实现中华民族永续发展提供了根本遵循和保障。

生态文明建设与经济建设、政治建设、文化建设、社会建设相互交融、相互贯通，它们并非简单的并列关系、叠加关系。经济建设、政治建设、文化建设、社会建设的深化与发展，都不能脱离生态文明的维度。把生态文明融入经济建设，就是要走环境友好、可持续的绿色发展道路；把生态文明融入政治建设，就是要加强党对生态文明建设的全面领导；

---

① 习近平.决胜全面建成小康社会 夺取新时代中国特色社会主义伟大胜利：在中国共产党第十九次全国代表大会上的报告［M］.北京：人民出版社，2017：29.

把生态文明融入文化建设，就是要弘扬生态文明主流价值观、培育生态文化和生态道德；把生态文明融入社会建设，就是要把保护生态环境作为民生工程建设、公共服务供给的重要内容。生态文明这条"绿线"，贯穿中国特色社会主义道路的始终。只有全方位地真正重塑人与自然的关系，才能真正实现"美丽中国"光明愿景。

美丽中国建设符合经济社会发展阶段的需要，也符合人民群众的长远根本利益。中国特色社会主义进入新时代，人民美好生活需要日益广泛，既要创造更多的物质财富和精神财富以满足人民日益增长的美好生活需要，也要提供更多优质生态产品以满足人民日益增长的优美生态环境需要。新时代中国特色社会主义现代化强国的目标反映了对人民群众经济、政治、文化、社会及生态权益等整体权益保障的价值诉求，其中，优美的生态环境既保障着人民生态权益的实现，又有利于人民的经济、政治、文化、社会权益的充分实现，对人的自由全面发展起着极大的促进作用。党的十八大以来，从山水林田湖草沙的"生命共同体"初具规模，到绿色发展理念融入生产生活，再到经济发展与生态改善实现良性互动，以习近平同志为核心的党中央将生态文明建设推向新高度，美丽中国新图景徐徐展开。

美丽中国建设不仅在国内具有重要影响力，同时也在战略上站在了全球治理和人类命运共同体发展的高度，具有世界意义。在世界各国的经济、政治、文化以及生态等各个方面联系日益紧密的时代，美丽中国建设与美丽世界建设具有内在的关联性。美丽中国建设既是美丽世界建设的一个重要组成部分，又极大地促进美丽世界建设。从生态问题具有普遍联系和相互影响的关系看，某一个局部性、区域性的生态问题都有可能逐渐波及整个世界，成为全球性的生态灾难，如热带雨林被毁会促使地球温室效应增加，破坏正常的气候和生物多样性，从而促使整个人类的生态环境日益恶化。目前全球相继出现的温室效应、大气臭氧层破坏、人口爆炸、土壤毒化和侵蚀、森林锐减、陆地沙漠化扩大、水资源污染和短缺、生物多样性锐减等生态环境问题，不是短时期形成的，也不可能短时期内解决，需要世界各国深化生态合作共治。美丽中国建设将为美丽世界建设和促进全球生态安全贡献中国智慧。

第二节　人与自然和谐共生现代化彰显人类文明新形态之新

一、"人与自然是生命共同体"彰显人类文明新形态之"新"

世界大格局的演变与中华民族伟大复兴之间的时空交汇

是人类文明新形态出场的契机，人类文明演进迎来了崭新的历史坐标。习近平在庆祝中国共产党成立 100 周年大会上的讲话中指出：“我们坚持和发展中国特色社会主义，推动物质文明、政治文明、精神文明、社会文明、生态文明协调发展，创造了中国式现代化新道路，创造了人类文明新形态。”①21 世纪全球正经历深刻动荡与转型，人类文明作为社会发展进程的重要见证和时代表征，当与世界变化同向而行。党的二十大报告中提出创造人类文明新形态是中国式现代化的本质要求之一。人类文明新形态，是在世界现代化发展进程中以“五大文明”整体协调发展为主要内容的现代化文明形态，是中国共产党带领人民在百年奋斗征程中坚持“两个结合”的中华文明当代形态，是以更加包容、公平的姿态面向世界文明、关照人类前途命运的新型文明形态。在生态环保层面，人类文明新形态更体现为人与自然和谐共生、构建人与自然生命共同体的新形态。

　　人与自然相互联系、密不可分。人类作为自然的一部分，从自然获取生存所需，能够通过社会实践改造自然。自然不仅会随着人类实践活动的深入不断发生变化，留下“人化自然”的痕迹，同时也会反作用于人类。中国共产党在领导中国革命、建设和改革的过程中，始终注重协调人与自然的关

①　习近平.在庆祝中国共产党成立 100 周年大会上的讲话［M］.北京：人民出版社，2021：13‑14.

系，提出一系列实现人与自然协调发展的举措。我们党把生态文明建设纳入"五位一体"总体布局，体现了对人与自然生命共同体的重视。

人与自然一荣俱荣、一损俱损。长期以来，人们形成了只重视人类自身利益、以人类利益为中心的价值观。但在实际上，自然是人类的"衣食仓库"，是人类生存和发展的基础，人类的全部生活、人类的各项活动都离不开自然，都依赖于自然。自然既是人类的认识对象，也是人类生命活动的重要支撑。人类的利益与自然的利益是密切相关的，人对自然的任何改造都会直接或间接作用于人类。在推进社会主义现代化进程中，我们党兼顾人与自然的共同利益，避免对自然生态的破坏和损耗，更好地实现人与自然和谐共生，把"绿水青山"转化为"金山银山"，推动经济发展和生态保护相协调。

人与自然相互促进、共同发展。习近平总书记指出："无序开发、粗暴掠夺，人类定会遭到大自然的无情报复；合理利用、友好保护，人类必将获得大自然的慷慨回报。"①要顺应和尊重自然规律，运用人所特有的主体能动性，合理开发和利用自然。一旦违反自然发展规律，终将伤及人类自身。一旦无止境索取自然资源，过度开发、过度使用自然资源，终

---

① 习近平. 习近平谈治国理政：第3卷［M］. 北京：外文出版社，2020：374.

将造成地球生态承载力不堪重负。我们党始终重视保护自然和维持生态平衡，提倡人与自然协调发展。党的十八大以来，党中央提出一系列新理念新要求，不断完善生态文明制度体系，坚持绿色发展，将发展建立在保护自然生态的多样性、稳定性、协调性和可持续性的基础上，注重与自然生态系统的可供给能力相匹配，推动生态文明建设取得重大成效。

万物同源，和谐共生。地球自然生态体系是一个宏大壮丽的生命共同体，由无数个独立的、以山水林田湖草沙冰为代表的各种形态的生命个体共同构成。这一个个生命个体相互关联着、相互作用着，协同孕育出并不断滋养着地球生命共同体，推动着作为整体的地球实现最佳生态平衡、稳定与繁荣，焕发出勃勃生机。创造人类文明新形态，就必须深刻认识到人与自然是生命共同体，实现人与自然和谐共生。

二、"坚持开发和保护并重"彰显人类文明新形态之"新"

长期以来，我国始终"坚持开发和保护并重"，通过正确处理人与自然的关系，避免了"先开发后保护"的现代化老路，避免了开发与保护二元对立的定式。

就土地资源来看，土地对于工业、商业、运输和其他非农业生产部门来讲，只是作为地基和空间，作为立足点，以其承载力服务于人类。而在农业生产中，土地不仅是劳动力和其他生产资源的活动场所、配置基地，而且在农作物的生产过程中直接参与产品的形成，是不可替代的主要生产资料。中华民族是典型的农耕民族，我们总将土地比作母亲，叶落归根，土地总与家园联系在一起。"民非谷不食，谷非地不生"。耕地是粮食生产的命根子，是中华民族永续发展的根基。习近平指出："要像保护大熊猫那样保护耕地，严防死守18亿亩耕地红线。"[①]例如，福建长汀曾是我国南方红壤区水土流失最为严重的区域之一，1998年，时任福建省委副书记的习近平就为长汀水土流失治理题词"治理水土流失，建设生态农业"。经过长期平衡土地资源与开发，当前长汀土地资源保护较好，生态农业发展趋势兴旺。如今，"山光、水浊、田瘦、人穷"的光景一去不复返，取而代之的是"生态美""百姓富"，长汀走出了一条生态优先、绿色发展的转型之路。土地稳，人心定。习近平心中的那片热土，如今愈加焕发出勃勃生机。

就海洋资源来看，海洋占地球表面积的71%，是人类社会发展的宝贵财富，是能源、矿物、食物和淡水的战略资源基地。海洋和沿海生态系统提供的生态服务价值，远远高

---

① 习近平.习近平谈治国理政：第 4 卷［M］.北京：外文出版社，2022：395.

于陆地生态系统所提供的价值。一方面，资源约束是我国经济绿色发展的一大瓶颈，需要突破陆域资源紧缺的局限和制约，加快海水资源综合利用、海洋空间资源开发利用的步伐，为经济社会发展提供新的资源和发展空间。另一方面，"水流千遭归大海"，海洋是众多污染物的最终归宿。随着经济社会的发展和人民生活水平的提高，直接排放和通过河流携带、大气沉降等排入近岸海域的污染物总量居高不下。对此，习近平强调，要把海洋生态文明建设纳入海洋开发总布局之中，坚持开发和保护并重、污染防治和生态修复并举，科学合理开发利用海洋资源，维护海洋自然再生产能力。例如，"蓝色计划"是广西的一项促进海洋产业协调快速发展的综合性计划，它以促进海洋经济发展为中心，充分依靠科学技术，强调开发和保护并重，以建设经济社会繁荣、环境优美的广西北部湾海洋经济区和服务祖国大西南为目标。实际上，正如习近平所指出的："我们人类居住的这个蓝色星球，不是被海洋分割成了各个孤岛，而是被海洋连结成了命运共同体，各国人民安危与共。"①

另外，一个片区的开发和保护涉及多种类型的资源，需要对其片区内的各类生态资源坚持开发和保护并重，实现整个区域的可持续发展。例如，就世界文化与自然双重遗产地

---

① 习近平 . 习近平谈治国理政：第 3 卷［M］. 北京：外文出版社，2020：463.

武陵山片区来看，退耕还林、发展生态农业、建设生态公益林、治理水土流失等，都是武陵山片区生态资源开发与保护的重要内容。依靠重要生态功能区的划分，各个生态功能保护区相继建立，武陵山片区各州、市程度不同的石漠化现象，通过实施石漠化综合治理工程、人工造林和封山育林、增加林草植被，得到了有效遏制；"绿色行动"拓展工程的实施，也推进了交通沿线、旅游景区、城镇周边和河流两岸绿化带建设；开展碳汇交易与扶贫开发相结合试点，建立碳中和酒店，低碳经济得到发展；生态环境监督管理体系的实施，完善了世界自然遗产、世界地质公园、森林公园、自然保护区生态环境的监督管理，确保了自然遗产资源的永续利用，加强了生物多样性和地貌多样性保护。因此，在当前积极推进退耕还林、治理水土流失、维护长江流域生态安全的前提下，经济林的恢复和扩大种植等一系列"开发和保护并重"的措施，成为武陵山片区生态资源开发与保护、脱贫致富并举的一个有效途径。

三、"共谋全球生态文明建设"彰显人类文明新形态之"新"

作为全球生态系统的重要组成部分，人类社会具有典型的互动性、连续性。在这个体系中，自然反馈、物质循环、能量流动没有边界限制，任何行为体破坏环境，最终都可能危及自身。因此，要以合作的态度来对待全球性生态问题，勇于担当、勠力同心，推动全球生态治理，维护全球生态平衡。

对于利益多元、文化多元、政治多元的国际社会来说，凝聚共识是绿色发展国际合作的重要前提。在这个过程中，中国将一系列绿色理念推向了世界，为全球绿色发展贡献了中国方案和中国智慧。例如，中国向国际社会积极传播生态文明的国际理念。2015 年 9 月 28 日，在题为《携手构建合作共赢新伙伴，同心打造人类命运共同体》的讲话中，习近平提出："建设生态文明关乎人类未来。国际社会应该携手同行，共谋全球生态文明建设之路，牢固树立尊重自然、顺应自然、保护自然的意识，坚持走绿色、低碳、循环、可持续发展之路。在这方面，中国责无旁贷，将继续作出自己的贡献。同时，我们敦促发达国家承担历史性责任，兑现减排承诺，并帮助发展中国家减缓和适应气候变化。"[①]再如，中国也积极传播绿色发展的国际理念。2017 年 5 月 14 日，在题为《携手推进"一带一路"建设》的主旨演讲中，习近平提出："我们要践行绿色发展的新理念，倡导绿色、低碳、循

---

① 习近平.习近平谈治国理政：第 2 卷［M］.北京：外文出版社，2017：525.

环、可持续的生产生活方式，加强生态环保合作，建设生态文明，共同实现 2030 年可持续发展目标。"①绿色发展的理念集中概括了清洁、低碳、循环和可持续的含义和要求。这一理念集中展现了习近平"两山论"的智慧和精华，回答了我国乃至世界生存发展的永续支撑问题，为解决世界性环境和发展矛盾提供了可行的思路和方案。

在凝聚共识的基础上，我国不断推动绿色发展国际合作进程，按照统筹"两个大局"的思想和思路，将和平维度、发展维度和生态维度有机地统一在一起。例如，2016 年，习近平在"一带一路"倡议的基础上，提出了打造"绿色丝绸之路"的倡议。绿色丝绸之路是我国实现绿色发展的重要国际构想和推进主线。围绕这一点，我国展开多方国际合作，形成了绿色发展国际合作的规划布局。在组织布局上，"一带一路"绿色发展国际联盟主要由联合国环境署牵头，中国生态环境部作支撑，借助国际层面的平台，促进"一带一路"沿线国家在环境、生态、金融等方面展开合作；在生态布局上，生态环保合作是绿色"一带一路"建设的根本要求，"建设绿色家园是人类的共同梦想。我们要着力推进国土绿化、建设美丽中国，还要通过'一带一路'建设等多边合作机制，互助合作开展造林绿化，共同改善环境，积极应对气候变化

---

① 习近平.习近平谈治国理政：第 2 卷［M］.北京：外文出版社，2017：513.

等全球性生态挑战，为维护全球生态安全作出应有贡献"①。为此，我国于 2017 年 5 月专门制定并发布了《"一带一路"生态环境保护合作规划》的通知，就深化环境污染治理合作、生态保护合作、核与辐射安全合作展开了系统布局。

党的十九大报告在述及中国"生态文明建设成效"时，对中国在生态文明建设国际合作领域所发挥的作用进行了深刻总结，即"引导应对气候变化国际合作，成为全球生态文明建设的重要参与者、贡献者、引领者"。在阐述"新时代坚持和发展中国特色社会主义的基本方略"时强调，中国要"为全球生态安全作出贡献"，要推动全球社会"构筑尊崇自然、绿色发展的生态体系"，"坚持推动构建人类命运共同体"。由此可见，中国共产党不仅在国内生态文明建设这一事关中华民族永续发展的伟大工程和宏伟事业的建设方面有着坚定的决心和一系列保障措施，而且在参与和推动有关生态文明建设的国际合作领域有着正确的指导思想和明确的奋斗目标，彻底摒弃了"零和博弈"的传统国际交往思维，彰显人类文明新形态之"新"。

---

① 习近平在参加首都义务植树活动时强调 发扬前人栽树后人乘凉精神 多种树种好树管好树 [N]. 人民日报，2016-04-06（1）.

图书在版编目（CIP）数据

人与自然和谐共生的中国式现代化 / 常庆欣著 . --
北京：中国人民大学出版社, 2024.1
（中国式现代化的鲜明特色研究系列 / 张东刚，林
尚立总主编）
ISBN 978-7-300-31878-3

Ⅰ.①人… Ⅱ.①常… Ⅲ.①生态环境建设－研究－
中国②现代化建设－研究－中国 Ⅳ.① X321.2 ② D61

中国国家版本馆 CIP 数据核字（2023）第 124466 号

中国式现代化的鲜明特色研究系列
总主编　张东刚　林尚立

人与自然和谐共生的中国式现代化

常庆欣　著

Ren yu Ziran Hexie Gongsheng de Zhongguoshi Xiandaihua

出版发行	中国人民大学出版社			
社　　址	北京中关村大街 31 号		**邮政编码**	100080
电　　话	010－62511242（总编室）		010－62511770（质管部）	
	010－82501766（邮购部）		010－62514148（门市部）	
	010－62515195（发行公司）		010－62515275（盗版举报）	
网　　址	http://www.crup.com.cn			
经　　销	新华书店			
印　　刷	唐山玺诚印务有限公司			
开　　本	890 mm×1240 mm　1/32		**版　　次**	2024 年 1 月第 1 版
印　　张	6.875　插页 2		**印　　次**	2024 年 5 月第 2 次印刷
字　　数	123 000		**定　　价**	35.00 元